디지털
포렌식
한 권으로
끝내기

디지털
포렌식

한 권으로
끝내기

Digital
Forensic

이중 지음

바른북스

디지털 시대의
디지털 포렌식을 말하다

20년 전에 철도 내에서 여성 신체를 촬영한 용의자를 검거하려 하자 카메라 메모리칩을 부숴서 기차 밖으로 버린 사건이 있어 철도경찰이 철길을 뒤져 부서진 메모리 내에 무엇이 들었는지를 의뢰하여 부서진 칩을 살리고 지워진 파일을 복구해 철도경찰에 범행 증거를 주었던 것이 디지털 포렌식 케이스를 접한 최초의 경험이었습니다.

그 후 얼마 지나지 않아 컴퓨터 내 사용자 행위 분석하였을 때 어려운 부분이 많아 노턴 등 여러 보안회사에 자문받은 기억이 생각납니다. 현재는 파일시스템도 바뀌고 윈도아티팩트 등에 관한 분석이 많이 나와 있고 이를 분석할 수 있는 툴들이 굉장히 많이 존재하고 있습니다.

현재 디지털 매체의 사용이 증가하고 개인 활동이 디지털 기록으로 예전보다 훨씬 남고 있으며 관련 디지털 시스템에도 더 많은 흔적이 남고 있습니다. 따라서 디지털 포렌식의 중요성은 법집행기관을 넘어서 사회 다른 분야에서도 활용도가 늘 것으로 예측되고 있습니다.

이러한 시점에 저는 EnCase교육과 FTK교육을 받고 여러 책과 많은 온라인 세미나를 보았으나 한 권만 보면 쉽게 실무를 이해하고 분석할 능력을 갖추게 만드는 그런 책이 있었으면 하는 바람이 있었습니다.

디지털 포렌식에 관심을 가진 학생들이 쉽게 이해할 수 있고 한 권만 보면 필수적인 지식과 분석능력을 보유하게 되고 더 깊은 지식과 넓은 지식을 취득할 수 있는 출발점에 설 수 있게 만들고 싶어 책을 쓰게 되었습니다. 실제로 이런 목적을 달성하게 되었는지는 모르겠으나 큰 도움이 되었으면 합니다.

상용프로그램은 많은 비용이 들어 실습하기 어려우므로 비용이 무료인 프리웨어나 오픈소스를 이용하여 실습하게 하여 접근성을 높였습니다.

처음 디지털 포렌식을 접하는 학생이나 일선 실무현장의 수사관들에게 도움이 되었으면 좋겠다는 희망을 품고 발간합니다.

이 책에 제가 설명한 부분을 따라 하여 실습 부분을 만드는 데 도움을 주신 신덕철 연구원에게 감사한 마음을 전합니다.

머리말

PART I. 이론

PART II. 무결성 검증

PART III. 디스크 포렌식

PART IV. 윈도 포렌식

PART I.

이론

CHAPTER 1

디지털 포렌식이란
무엇인가?

●●●● 디지털(Digital)이란 연속적이지 않고 최소 단위를 갖는 이산적인 수치를 이용하는 것을 말하며 라틴어 digitus로 손가락이란 단어에서 유래했습니다.[1]

'forensic'은 'public'의 라틴어인 'forum'에서 유래한 단어로서, 구체적으로 '공공 또는 법적 문제에 적용되는'을 의미합니다. 법과학(Forensic Science, 法科學)이란 법적 문제를 해결하기 위한 목적으로 사용되는 모든 과학분야를 포함합니다. 즉, 화학·생물학·법의학·물리학·지질학·심리학·사회과학·컴퓨터과학 등을 포함하는 종합과학이며 형사 사건과 같은 법적 상황에 관련된 의문점을 해결하기 위하여, 과학적인 관찰과 실험을 통해 정확하고 객관적인 과학적 증거를 제공하여 범죄 수사에 도움이 되고 재판에 활용되는 것을 말합니다.[2]

십여 년 전만 해도 지하철을 타면 많은 사람이 신문을 보고 있고, 지하철 선반 위에는 본 신문들이 놓여있는 경우가 많으나 현재는 스마트폰으로 기사나, 영화, 게임을 하면서 보내는 사람들이 대부분입니다. 은행업무도 스마트폰으로 하고, 음식 주문도 디지털 기기를 통해서 하고 수많은 SNS프로그램으로 소통하고 업무 중에도 pc에 카카오톡을 실행하여 의견을 나누는 장면이 관찰됩니다. 즉 삶의 행위의 많은 부분이 디지털 기기를 통해 이루어지고 있습니다.

범죄 또한 보이스피싱, 전자상거래 사기, 해킹 등 디지털 기기를 통한 범죄뿐 아니라 범죄 모의, 통화, 문자, 범행수법 검색, 범죄현장 방문 위치기록 등 많은 범행의 흔적도 디지털 기록으로 남게 됩니다. 이러한 디지털 기록을 분석하여 범행의 증거를 찾는 일을 디지털 포렌식이라 할 수 있습니다.

즉 일반적으로 생각하면 디지털 포렌식(Digital Forensic)은 디지털 저장매체를 분석하여 범죄의 증거를 찾는 일련의 법과학기술(Forensic Science)의 한 종류라고 생각할 수 있습니다.

대검찰청 예규 제991호를 살펴보면 "디지털 포렌식이란 디지털 증거를 수집, 보존, 분석, 현출하는 데 적용되는 과학기술 및 절차를 말한다"라고 정의되어있습니다. 공정거래위원회고시 제2018-4를 살펴보면 "디지털 포렌식이란 디지털 자료(증거)를 수집, 운반, 분석, 현출 및 관리하는 업무 또는 그와 관련된 기술을 말한다"라고 정의되어있습니다.

보통 일반인은 디지털 매체를 복구 또는 분석하는 기술을 디지털 포렌식이라 생각하는 경향이 많으나 포렌식이라 명명되어있고 법령에 일련의 과학기술 및 절차라고 규정되어있는 것은 법정에 증거로 채택되기 위하여 법률로서 요건을 정한 부분이나 표준절차에 위배되지 않게 획득하고 분석하여 보고서로 제출하는 과정까지 포함하는 것이라 생각할 수 있습니다.

즉 컴퓨터지식이 풍부한 어떤 사람이 컴퓨터를 조사해서 이를 법정에 제출하여도 이를 디지털 포렌식을 수행했다고 할 수 없을 수도 있습니다. 즉 무결성을 보장하고 CoC를 유지하고 법령에 맞추어 분석하는 경우에만 디지털 포렌식 증거로 인정받을 수 있습니다. 법정에서 증거능력을 인정받으려면 분석뿐 아니라 일련의 절차를 다 갖추어야만 합니다.

컴퓨터를 비롯한 디지털 매체에서 증거능력을 인정받을 수 있는 적합한 방식으로 증거를 수집하고 보존하며 구조화된 조사 및 과학적 분석을 하여 CoC를 유지한 문서 및 보고서를 제출하며 법원에 증거능력 및 증명력을 갖게 하는 작업이 디지털 포렌식이라 할 수 있습니다.

CHAPTER 2

디지털 포렌식의
역사

•••• 1975년도에도 살라미공격(Salami Attack)이라고 불리는 컴퓨터 관련 범죄가 발생하였습니다. 프로그래머가 직원들이 구매한 주식을 내림(Rounded off)하여 아주 적은 금액을 자기계좌로 이체하여 횡령한 사건으로 잡혔을 때 범인의 계좌에서 38만 불이 발견되었습니다.[3]

1981년에 MS-DOS라는 PC용 운영체제가 발표되었으며 1983년도 Apple사의 Apple 2E가 발표되는 등 개인용 컴퓨터의 시대가 왔습니다. 1980년도 중반 컴퓨터 사용의 급격한 증가와 새로운 장치의 출현으로 법적 절차에서 디지털 증거에 대한 의존도가 높아졌습니다. 1980년도에는 특정 포렌식 도구가 없었으므로 Peter Norton사의 XTREE Gold 같은 파일시스템 분석도구가 사용되었으며 1984년에는 FBI에서 CART(Computer Analysis and Response Team)를 만들어 본격적인 컴퓨터 포렌식 업무를 지원하였으며, 1990년도에 들어서는 현재에도 널리 사용되는 포렌식 도구인 1995년 ASR Data사에 의해 Encase, AccessData사의 FTK 등이 개발되어 법집행기관에서 사용되기 시작하였습니다.[4,5]

1990년대에는 넷스케이프와 같은 웹브라우저의 발전으로 인터넷 사용이 늘게 되었으며 이메일 등 새로운 디지털 증거의 출현으로 디지털 포렌식 업무의 필요성이 늘게 되었습니다.[6]

1990년대 후반까지 현재는 디지털 포렌식이라고 하는 용어가 컴퓨터 포렌식이라고 불리고 있었으나 1995~1996년 영국에서 여러 번의 세미나를 거쳐 영국 디지털 포렌식 방법론이 개발되어 1998년 ACPO(Association of Chief Police Officers)에서 《Good Pratice Guide for Digital Evidenc》를 발간함으로써 용어의 확장이 이루어졌습니다.[7]

1999년 미국 캘리포니아 샌디에이고에 최초의 지역포렌식연구소(RCFL)가 설립되었으며 현재는 17개의 분석랩이 있으며, 분석랩이 컴퓨터 포렌식랩, 디지털 포렌식랩으로 명명되어있습니다. 국내에는 컴퓨터 관련 수사업무를 하는 조직은 있어왔지만 이를 확대하고 전문화하는 의미에서 2008년 대검찰청에는 디지털 포렌식 센터를 만들었으며 경찰청에는 2000년 사이버테러대응센터를 만들어 전문적인 디지털 포렌식업무를 하고 있습니다.

1999~2007년은 디지털 포렌식의 황금기였으며 삭제된 잔여 데이터 복구와 이메일 및 메시지의 복구 및 네트워크 및 메모리 포렌식을 통해 범죄의 증거를 풍부히 발견할 수 있게 되었으며 TV쇼인 CSI효과를 만들게 되었습니다.[8]

현재 디지털 포렌식은 IT기술의 발전 및 스마트폰의 일상화 등으로 컴퓨터 관련 범죄만이 아니고 일반적인 범죄에서도 스마트폰 등 디지털 매체 내에 중요 증거가 존재하는 경우가 증가하고 있으며 2011년, DDoS 사건, 해킹에 의한 농협전산망 사건, 최순실 태블릿 PC, 세월호 침몰 사건 등 수많은 사건에서 디지털 포렌식이 필수불가결한 수사기법으로 자리 잡게 되었으며 검찰, 경찰 외에도 국세청, 선거관리위원회, 공정거래위원회, 저작권위원회 등 다른 국가기관에도 디지털 포렌식 담당부서가 생겨 범죄 수사 및 조사에 활용되고 있습니다.[9]

최근에는 SSD가 하드디스크를 대체하고 있습니다. 최근 출시되는 노트북 및 데스크톱의 운영체제가 설치되어있는 디스크는 거의 SSD로 출시되고 있습니다. 대부분의 최신 SSD에서 백그라운드 프로세스로 실행되는 가비지 컬렉션은 삭제 표시된 데이터를 영구적으로 지우므로 데이터가 삭제 표시된 후 몇 분 만에 완전히 사라집니다. 따라서 기존의 디스크 포렌식으로 데이터를 복구할 수 없게 되고 있습니다.[10] 더구나 암호화, 클라우드컴퓨팅, 저장장치의 거대화, 안티 포렌식 기술사용 등으로 점점 증거를 찾는 기술이 어렵게 되고 있습니다.[11]

CHAPTER 3

디지털 포렌식의 범위

• • • •   디지털 포렌식은 크게 시스템 포렌식과 네트워크 포렌식으로 분류할 수 있습니다. 시스템 포렌식이란 대상 컴퓨터시스템에 남아있는 흔적을 가공, 수집, 분석, 보관하는 과정이며 네트워크 포렌식이란 침해사고 확인을 시발점으로 침해와 관련 있는 네트워크 이벤트를 수집 분석, 저장하는 일련의 과정입니다.[12]

아래 그림과 같이 크게 시스템 포렌식과 네트워크 포렌식으로 분류하고 그 외의 anti-forensic과 기업 포렌식 등을 그 외로 분류하여 3종류로 구분하기도 합니다.

디지털 포렌식의 3분류

모바일 포렌식 등을 넣어 조금 더 상세히 6종류로 구분하는 문헌도 존재하며 살펴보면 모바일 포렌식을 컴퓨터 포렌식과 나누어 시대를 반영하였습니다.[13]

컴퓨터 포렌식(Computer Forensics)

컴퓨터, 랩톱 및 저장매체에서 증거를 발견하고 이를 분석하는 작업으로 법적 절차에 맞는 식별, 보존, 수집, 분석 및 보고절차

네트워크 포렌식(Network Forensics)

보안 공격, 침입 또는 기타 사고(예 : 웜, 바이러스 또는 맬웨어 공격, 비정상적인 네트워크 트래픽 및 보안 위반)의 원인을 찾기 위해 네트워크 활동 또는 이벤트를 모니터링, 캡처, 저장 및 분석

모바일 포렌식(Mobile Devices Forensics)

휴대폰, 스마트폰, SIM 카드, PDA, GPS 장치, 태블릿 및 게임 콘솔에서 전자증거 복구

디지털 이미지 포렌식(Digital Image Forensics)

이미지 파일의 메타데이터를 복구하여 기록을 확인함으로써 진위를 검증하기 위해 이미지를 추출 및 분석하는 과정

디지털 비디오/오디오 포렌식(Digital Video/Audio Forensics)

사운드 및 비디오 녹음의 수집, 분석 및 강화. 녹음이 원본인지 여부와 변조되었는지 여부에 대한 진정성 분석

메모리 포렌식(Memory forensics)

실행 중인 컴퓨터의 RAM에서 증거 복구 작업으로 실시간 수집(Live Acquisition)이라고 도 함.

다른 분류로는 조금 더 분석대상을 나누어서 GPS 포렌식, SNS 포렌식 등을 추가하여 아래와 같이 분류하기도 합니다.[14]

침해대응(Incident Response)

네트워크 보안 침해 사건이 발생합니다. 이러한 공격은 해커에 의해 발생하는데 이때 침입 또는 사이버 공격을 식별하거나 웜, 트로이 목마와 같은 바이러스 또는 기타 맬웨어 및 루트킷을 분석하고 대응하는 업무를 말합니다.

휴대폰 포렌식(Cell phone Forensics)

요즘은 휴대전화가 널리 보급되고 휴대폰 포렌식이 컴퓨터 포렌식과 유사하게 되어 대중화되고 중요하게 되었습니다.
휴대전화 서비스에 의해 생성된 기록, 통화 세부 정보 기록, 휴대폰 청구 정보, 연락처, 문자 메시지, 오디오 녹음, 이미지, 비디오 및 이메일이 휴대전화에 있기에 매우 중요한 디지털 증거가 됩니다.

GPS 포렌식

위성 위치 확인 시스템(GPS)도 매우 대중화되어 대부분의 자동차와 휴대폰, 웨어러블 기기에 사용됩니다. GPS 검사는 최근에 방문한 장소와 같은 정보를 찾는 데 유용합니다.
즐겨 찾는 장소 및 탐색된 주소를 알아낼 수 있습니다. 즉 GPS 기록은 그 사람이 실제로 갔는지 여부를 결정하는 데 도움이 될 수 있습니다. 범죄의 위치에 또는 GPS가 그 사람이 있었는지 여부 및 동선을 밝힐 수 있습니다.

소셜 미디어 포렌식(Social media Forensics)

최근 소셜 미디어 웹사이트와 프로그램은 대중적이고 널리 사용되고 있습니다. 페이스북, My Space, twitter, linkedln, 카카오톡 및 인스타그램은 널리 사용되며 관련 인물의 활동 데이터가 많이 포함되어있습니다. SNS 데이터에는 용의자와 관련인들 사이의 인적관계 파악, 대화내용 판독 등이 가능하여 소셜 네트워크 서비스에서 획득된 정보가 법정에서 많이 증거로 채택되고 있습니다.

미디어 장치 포렌식(Media device Forensics)

디지털 오디오 레코더, 디지털 음악 플레이어, 개인 데이터 비서, USB 메모리 드라이브 및 휴대용 하드 드라이브 같은 미디어 장치 내에 유용한 데이터를 찾을 가능성이 있습니다. 파일을 숨기거나 옮기는 데 이러한 미디어 장치가 사용되기 때문에 장치에서 파일이 전송되거나 생성된 시간 및 날짜. 미디어에서 삭제된 데이터를 복구하여 법정 증거로 제출할 수 있습니다.

디지털 비디오 및 사진 포렌식(Digital video and photo Forensics)

디지털 비디오 및 사진 포렌식은 개별 이미지의 향상으로 촬영된 영상을 명확하게 향상시키거나 무결성 분석, 진위분석을 하는 작업을 포함합니다.

디지털 오디오 포렌식(Digital audio Forensics)

디지털 오디오 포렌식에는 오디오의 향상 및 분석이 포함됩니다. 오디오 녹음의 무결성을 확인하거나 녹음 품질이 좋지 않으면 오디오 속의 음성이 더 명확해지도록 트랙을 개선하는 작업, 노이즈를 제거하는 작업, 특정 사람들의 목소리를 식별하기 위한 작업 등을 포함합니다.

컴퓨터 게임 포렌식(Computer game Forensics)

오늘날 가장 인기 있는 게임 형태는 멀티 플레이어 온라인 게임입니다. 멀티 플레이어 온라인 게임을 하는 전 세계 수천만 명이 있습니다. 온라인 및 컴퓨터 게임에는 일반적으로 플레이어에 대한 많은 정보를 저장합니다. 게임 정보 각 세션, 해당 세션의 길이, 게임 내 채팅 로그 및 게임 내 각 계정의 캐릭터에 대한 정보가 포함됩니다, 일부 게임은 많은 정보를 남기는 이메일 및 소셜 네트워크와 연결되어 증거로 수집됩니다.

다른 분류법으로는 분석목적과 분석대상으로 분류하여 증거를 보는 관점을 명확히 하여 분류하였습니다.[15]

분석목적에 따른 분류

사고대응(Incident Respose) 관점 포렌식, 범행입증에 필요한 증거를 찾기 위한 관점의 포렌식 두 종류로 분류하였습니다.

분석대상에 따른 분류

컴퓨터 포렌식(Computer Forensic), 데이터베이스 포렌식(Database Forensic), 모바일 포렌식(Mobile Forensic) 등으로 나눌 수 있으며 좀 더 상세한 분류로는 윈도 레지스트리 포렌식(Windows Registry Forensic), 운영체제 포렌식(Operating System Forensic), 파일시스템 포렌식(File System Forensic), 네트워크 패킷 포렌식(Network Packet Forensic), 멀웨어 포렌식(Malware Forensic), 클라우드 포렌식(Cloud Forensic), 안드로이드 포렌식(Android Forensic), 인터넷 포렌식(Internet Forensic), 드론 포렌식(Drone Forensic), IoT 포렌식(IoT Forensic) 등으로 추가하여 나누기도 합니다.

CHAPTER 4.

디지털 포렌식
절차

4.1. 3단계 절차

디지털 포렌식 수사모델 중 단순히 증거 처리에만 중점을 둔 디지털 포렌식 절차로 디지털 증거로부터 이미지 획득, 분석, 보고서 작성으로 3단계로 나누었습니다.[16,17]

1) 증거물 획득단계는 사고 발생현장에서 디지털 증거를 수집하고 증거의 무결성을 확보하는 단계입니다. 무결성 증거 자료의 신뢰성을 확보하기 위해서 수집된 디지털 데이터가 변조 및 손상되지 않았음을 보장하는 것을 말합니다.

보통의 디지털 저장매체는 휘발성과 비휘발성 저장매체로 나눌 수 있습니다. 휘발성 저장매체란 DRAM과 같이 컴퓨터가 종료되면 모든 데이터가 사라져, 어떠한 정보도 복원할 수 없는 종류의 저장매체를 말하며,

비휘발성 저장매체란 하드디스크, 플래시메모리, CD, EEPROM 등 전원의 종료 여부와 상관없이 데이터가 사라지지 않는 저장매체를 말합니다.

휘발성과 비휘발성에 따라 증거 수집은 비휘발성인 데드시스템상에서의 증거 수집과, 휘발성인 라이브시스템상에서의 증거 수집으로 나눌 수 있습니다.

2) 증거물 분석단계는 증거 수집에서 얻어진 데이터들로부터 사건과 관련 있는 유용한 정보를 얻어내는 것을 증거 분석이라고 합니다.

유용한 정보는 사건에 따라 다르겠지만 일반적으로 다음과 같은 증거 분석기술들이 사용될 수 있습니다.

덤프 메모리 분석

프로세스를 위한 가상 메모리는 보통 코드 영역, 데이터 영역, 스택 영역 등으로 나눠지며, 데이터 영역이나 스택 영역에 사용자 ID 및 암호, 암호화된 디스크암호, 계좌정보, 해킹증거 등을 알려면 메모리 분석이 필요합니다.

Windows 레지스트리 분석

Windows 레지스트리(Registry)는 운영체제가 운영하는 데 필요한 모든 하드웨어, 소프트웨어, 사용자 및 시스템 정보 등을 담고 트리구조 데이터베이스로 최근에 열었거나, 실행, 수정한 문서를 알고 싶거나 프로그램 사용 흔적이나 장착된 외부저장장치 등을 분석하려면 필수적인 분석입니다.

Timeline 분석

운영체제가 커지고 또한 저장매체가 대용량화됨에 따라 시스템에 저장된 파일의 수는 적어도 수십만 개가 넘고 있습니다. 분석해야 하는 매체도 다양함에 따라

이러한 파일들을 전부 분석하는 것은 불가능해지고 있습니다. 파일시스템은 파일들이 만들어진 시간 정보와 마지막으로 접근된 시간 정보 그리고 마지막으로 수정된 시간 정보들을 가지고 있으므로 범죄가 발생한 시점 전후로 생성/수정/삭제/접근한 파일을 쉽게 보여주면 범죄분석이 용이합니다. NTFS 파일시스템에서는 $LogFile과 $UsnJrnl이라는 시스템 파일이 존재하며, 파일시스템에 대한 사용 로그를 남기고 있으므로 시간의 흐름에 따라 분석하기 용이합니다.

삭제된 파일 복구

보통 파일들을 삭제하는 경우 NTFS, FAT 등 파일시스템은 실제 클러스터에 저장된 내용을 삭제하는 것이 아니라 파일에 할당된 클러스터를 사용할 수 있음으로 바꾸어 클러스터들이 다른 파일에 할당될 수 있게 바꾸기 때문에 덮어 써진 파일은 복구가 불가능하지만 그렇지 않은 지워진 파일들은 복구가 가능합니다. 삭제된 파일들은 범죄에 관련되었을 가능성이 높기 때문에 디지털 포렌식에 중요한 단서입니다. 또한 지워진 파일을 복구할 수 없더라도 파일이 존재했다는 사실만으로도 중요한 단서가 될 수도 있습니다.

로그 분석

범죄 수사나 침해사고 대응을 위해서는 디지털 정보를 이용하여 사고의 경로를 추적하면서 원인 및 과정을 알아내는 것이 필요합니다. 이런 경우 로그 분석이 중요한 역할을 할 수 있습니다.

운영체제는 어떤 장치나, 어떤 프로그램을 사용하면 로그를 남기며 파일의 생성/삭제 등의 정보도 로그를 남기며 중요한 로그는 아래와 같습니다.

• 파일시스템 로그 : 파일시스템 로그는 파일의 생성/수정/삭제 등에 대한 로그이며 NTFS 파일시스템의 경우 시스템 비정상에 대비하기 위한 트랜잭션 로그인 $LogFile와 파일이나 디렉터리의 속성 변경 내용을 기록한 $UsnJrnll에 로그가 남아있습니다.

• 외부저장장치 사용 로그 : USB 등 외부저장장치는 설치 과정에서 드라이버 설치 로그파일과 레지스트리에 사용 로그가 남아있습니다.

• 인터넷 사용 로그 : Internet Explorer, Chrome, Safari 등 웹브라우저를 살펴보면 접근한 웹사이트, 관심목록, 접근시간 등을 알아낼 수 있습니다. History, Cookie,

Cache, ActiveX 등으로부터 사용 행적을 알아낼 수 있습니다.

이메일 분석

이메일은 범죄자 간에 의논 과정과 여러 정보를 주고받을 수 있으며 첨부파일을
이용하여 핵심 기술을 외부로 유출하는 수단이 될 수 있기 때문에 이메일의 분석은
중요한 디지털 포렌식 과정입니다. 파일시스템에서 삭제된 파일을 복구하는 것과
비슷하게 단일 파일로 복수의 이메일을 관리하는 프로그램의 경우, 삭제된 이메일이
파일 안의 영역에 그대로 유지하는 경우가 많아 삭제한 이메일을 복구할 수 있습니다.

안티 포렌식 분석

안티 포렌식은 디지털 포렌식 수사에 의해 증거가 발견되지 않도록 하기 위한 기술로
정의되며 정보의 은닉 및 삭제, 스테가노그래피, 암호화 등을 들 수 있습니다.[18]
범죄자가 데이터를 은닉하려 할 때 파일을 숨김 속성으로 놓거나 파일 확장자를
바꾸거나 하는 경우가 많으며 보통 포렌식 툴에서 자동 검색하여줍니다. 이러한 안티
포렌식 행위를 찾는 것은 점점 중요성을 띠고 있습니다.

스트링 서치

디지털 증거 수집은 형사소송법상 선별압수가 원칙입니다. 선별압수란 법원에서 발부한
영장이 지정한 범위 안에서만 데이터를 수집하여야 한다는 것을 말합니다. 즉 컴퓨터나
스마트폰 전체를 압수하는 것이 아닌 시스템 내에 법원이 지정한 날짜, 관련 데이터만
수집해야 합니다. 따라서 파일 내용 중 관련 있는 부분을 검색하는 스트링 서치기술이
필요합니다. 또한 디지털 증거 분석 시 범죄에 연관된 정보가 어떠한 파일에 저장되어
있는지 알 수 없기 때문에 검색범위를 축소하기 위해 여러 개의 키워드의 조합을
가지고 검색을 반복해야 하는 경우가 많습니다. 선별압수에 사용되는 여러 가지 기술
중 해시 검색(Hashed Search), 생성/수정/접근일 기준 검색, 확장자 검색, 키워드 서칭
등이 사용됩니다.[19]

3) 보고서 작성단계는 입수된 디지털 증거가 법적 증거로 채택되기 위해서는 증거 자료의 신뢰성이 확보되어야 합니다. 이를 위해 법률적으로 디지털 포렌식에 대한 표준절차를 따른 보고서가 작성되어야 하며 사용된 포렌식 프로그램도 검증되어야 합니다. 디지털 포렌식 프로그램의 검증을 위해서 미국에서는 미국 국립표준기술연구소(NIST)에서 디지털 포렌식 프로그램 검증(CFTT)을 시행하고 있습니다.

4.2. 4단계 절차

미 법무부 사법연구원(National Institute of Justice)은 '전자적 범죄현장 수사 가이드(Electronic Crime Scene Investigation : A Guide for First Responders)에 포렌식 절차를 기술하고 있습니다. NIJ의 초기모델은 전자적 증거의 특성을 고려하여 법정에서 증거의 무결성에 대한 이의제기가 가능하기 때문에 이를 방지하기 위해서 적절한 포렌식 절차를 따라야 한다고 기술하고 절차는 수집, 조사, 분석 그리고 보고로 4단계로 나누었습니다.

수집단계는 전자적 증거에 대한 수색, 인지, 수집 그리고 문서화를 포함합니다. **조사단계**는 증거를 가시적인 것으로 만들고 그 증거의 출처와 중요성을 설명합니다. **분석단계**는 조사의 결과에서 그 사건과 관련된 증거에서 중요하고 가치가 있는 부분을 찾습니다. 마지막으로 **보고단계**는 조사 과정과 복구된 관련 데이터를 개괄하는 서면 보고서를 작성합니다.[20]

디지털 포렌식 조사모델은 단순히 증거 조사만을 다루다가 점차 사건 인지부터 법정 증언까지 증거 처리의 전 과정을 아우르는 형태로 발전하고 있으며. 최근의 디지털 포렌식 조사모델은 '조사 준비' '현장 대응' '증거물 확보 및 수집' '운반 및 확인' '조사 및 분석' '법정 증언'까지 6단계로 나뉩니다.

조사 준비	현장 대응	증거 확보 및 수집	운반 및 확인	조사 및 분석	보고 및 증언
• 사건 발생 및 확인 • 조사 권한 준비 • 조사 팀 구성 • 장비/도구 준비	• 현장 통제와 보존 • 접근 권한과 협조 획득 • 조사 대상 매체의 확보	• 시스템 확보 • 하드디스크 획득 • 증거물 포장과 봉인 • 인증		• 사본 생성 • 데이터 추출 • 데이터 분류 • 상세 분석	

6단계 포렌식 절차

조사 준비 과정은 본격적인 수사에 앞서 내부적으로 사건 발생 및 확인, 조사 권한 획득, 인원 구성, 장비·도구를 준비합니다.

현장 대응 과정에서는 현장 통제 및 조사 권한 획득, 관계자 면담, 현장 통제 및 보존, 조사대상 시스템의 확보 과정을 수행합니다. 본격적인 증거 수집을 시작하기 이전에 현장을 통제하고 이를 보존하여 향후의 증거 수집 과정을 준비하는 것입니다.

증거 확보 및 수집단계에서는 영장의 기재 내용에 의거하여 압수 수색을 진행하여 필요한 증거물을 압수하는 과정입니다. 시스템이나 중요 자료에 대해 사본을 생성하여 확보합니다.

증거 운반 및 확인 과정에서는 획득한 증거물의 무결성 유지와 훼손방지 이며 증거물의 누락이 없도록 합니다.

조사 및 분석단계에서는 효율적인 분석수행 전략을 수립하고 분석할 데이터를 유형에 따라 분류한 후 신속하고 효율적으로 분석합니다.

보고 및 증언단계에서는 결과 보고서가 조사·분석자의 모든 관찰내역, 분석 과정 등이 정확히 기록되어야 하고 각 단계의 결과와 일치해서 결과를 증거로 인정받을 수 있게 작성합니다.[21] 포렌식 보고서는 읽게 되는 법관, 변호사 등 컴퓨터에 대한 지식이 부족한 사람이 보더라도 쉽게 알 수 있는 형태로 작성이 되어야 하며, 증거물 수집, 보관, 분석 등의 과정을 육하원칙에 따라 명백하고 객관성 있게 작성되어야 합니다.[22]

PART II

무결성 검증

디지털 증거
수집

1.1. 디지털 증거의 특성

　디지털 포렌식의 대상은 디지털 증거(Digital Evidence)이며 전자증거(Electronic Evidence)로도 불립니다. 일반적으로 디지털 증거가 기존의 물리적 증거와 구별되는 특성은 학자마다 다르나 매체독립성, 비가시·비가독성, 취약성, 대량성, 네트워크 관련성 등이 주로 거론됩니다. 이러한 각각의 특성을 정리해보면 아래와 같습니다.[23,24,25]

특징	내용
비가시성 (Latent)	사람의 시각으로 바로 식별이 불가하고 변환장치나 판독장치를 이용하여야 판독 가능함. 내부데이터만으로 내용을 바로 확인하기 어려우며 디코딩(Decoding), 암호복호(Decrypt), 압축 해제(Decompress) 등의 과정이 필요하며 여러 정보가 누락되고 최종적으로 가시적인 정보만 제공될 수 있습니다.
취약성 (Fragile)	삭제, 변경 등이 용이하여 위변조하기 쉬워 무결성의 문제가 대두됩니다.
대용량성 (Massive)	최근 저장기술의 발전으로 저장매체의 크기가 커져 있으며 하나의 방대한 데이터가 저장되어있어 수작업으로 필요한 정보를 찾기는 어렵게 되었습니다.
네트워크성 (Network)	현재의 정보기기는 고립되어있지 않고 각종 네트워크에 서로 연결되어있습니다. 그러므로 증거 자료 및 행위가 국경을 넘는 경우가 많아 사법 처리에 한계가 있기도 하며 해킹을 당하기도 쉬워 국제적인 사법공조가 필요하기도 합니다.
매체독립성 (Media dependence)	디지털 증거는 유체물이 아니고 각종 디지털 저장매체에 저장되어있거나 네트워크를 통하여 전송 중인 정보 그 자체를 말합니다. 이 정보는 0과 1로만 구성되는 2진수로 변환하여 저장되기 때문에 저장된 정보의 값이 같다면 어느 매체에 저장되어있든지 동일한 가치를 지닙니다.

디지털 자료의 특징

1.2. 디지털 증거 처리 기본원칙

디지털 증거의 특성을 살펴보면 위변조가 매우 쉽다는 특성을 가지고 있으므로 수집된 증거가 증거효력을 가지기 위해서는 준수되어야만 하는 여러 기본원칙이 있습니다. 연구자마다 3개, 4개, 5개 등 약간은 다른 원칙을 내세우나 그중 공통되는 중요한 사항은 첫 번째, **무결성의 원칙**으로 디지털 증거의 내용은 변경되지 않아야 한다는 원칙입니다. 증거물 수집 및 분석 절차에서 발생 가능한 변경을 방지하고 무결성(Integrity)을 증명하는 조치가 수행되어야 한다는 것입니다.

두 번째는 **재현의 원칙**이라고 불리는 것으로 분석관이 여러 가지 다양한 증거 분석도구를 사용하기 때문에 다른 분석관이 다른 프로그램을 사용하게 되더라도 동일한 시스템을 분석하였을 경우 동일한 결과가 나와야 한다는 원칙입니다. 즉 신뢰성이 보장된 분석프로그램과 장비를 사용하여 분석결과의 신뢰성을 확보해야 함을 뜻합니다.

세 번째로는 **보관의 연속성**(Chain of Custoy) 원칙입니다. 증거물 수집, 이송, 보관, 법정 제출단계에서 담당자, 책임자, 입회자를 명확히 기록하고 증거 분석 시 모든 과정을 상세히 기록하는 문서화 작업을 하여 추후 사후 검증요구 시 신뢰성을 명확하게 확보하는 것입니다.[26]

그 외의 다른 법칙으로는 정당성, 신속성의 원칙을 두기도 합니다.

정당성(Legitmacy)의 원칙

증거를 획득할 때는 적법절차를 통하여 얻어야 한다는 원칙입니다. 정당성의 원칙은 적법절차의 원칙이라고도 합니다. 현 형사소송법에 따르면 위법절차를 통해 수집된 증거의 증거능력을 부정하는 위법수집증거 배제법칙이 있습니다. 즉 예를 들어 수사관이 불법 해킹을 수행하여 수집한 파일은 증거능력이 없을 뿐 아니라 이른바 독수독과(Fruit of the Poisonous Tree) 이론은 위법하게 수집된 증거를 통해 획득한 2차 증거도 증거능력이 없습니다. 즉 불법 해킹을 통하여 얻은 패스워드를 이용하여 암호화된 파일을 풀어도 이 파일은 증거능력이 없습니다.

신속성(Immediacy)의 원칙

디지털 포렌식 수행의 과정은 불필요한 지체 없이 신속하게 진행되어야 한다는 원칙입니다. 전자정보특성상 삭제가 쉽고, 휘발성 데이터는 시간이 지나면

소멸되기 때문에 신속한 대응 여부에 따라 디지털 증거의 획득 여부가 결정되기 때문에 신속하게 처리되어야 합니다.[27,28]

1.3. 이미징

위에서 살펴보듯이 디지털 증거 획득 시 증거능력이 훼손되지 않게 무결성을 보장하여 증거를 획득하는 것은 디지털 포렌식에서 가장 중요한 부분이라고 할 수도 있습니다.

기술적으로 이를 수행하기 위해서 실무에서는 쓰기방지장치를 이용하여 저장매체 복제나 이미징을 통하여 무결성을 가진 증거를 획득하고 사후 검증을 위해 해시값과 문서화를 통해 이를 검증합니다.

여러분이 컴퓨터에 USB를 연결하여 파일을 보기만 하여도 운영체제가 여러 가지 내용을 writing하기 때문에 무결성이 훼손됩니다. 이러한 쓰기를 못하게 하기 위해서는 쓰기방지장치하드웨어를 사용하거나 또는 Encase프로그램을 사용하는 경우에는 FastBloc기능을 동작시켜야 합니다. 윈도를 사용하는 경우에는 레지스트리에 쓰기방지설정을 하여도 됩니다.

저장매체 하드디스크나 USB를 같은 내용을 가진 다른 매체를 만들려고 하는 경우, 복사, 복제, 이미징을 통해 할 수 있습니다.

- **복사**는 파일 또는 디렉터리를 마우스로 드래그 앤드 드롭(Drag-and-drop) 통해 복사하거나 윈도 명령어 copy나 xcopy를 통해 내용을 복사할 수 있습니다. 이 방법은 파일들 내용만 복사하기 때문에 삭제된 데이터를 복구할 수 없습니다.

- **복제**는 원본 내 물리적인 섹터를 내용 그대로 사본 물리섹터로 똑같이 복사하는 방식입니다. 원본과 똑같이 복사되기 때문에 슬랙공간 및 지워진 데이터로 똑같이 복사되기 때문에 삭제된 데이터를 복구할 수 있습니다. 물리적 섹터가 모두 동일하게 복사되기 때문에 원본매체와 동일한 모델 및 사양의 저장매체를 사용하는 경우가 아닌 경우에는 사본은 원본보다 커야 합니다.

- **이미징(Imaging)**은 원본 내 모든 물리적 데이터를, 1번 섹터에서 마지막 섹터까지 모든 데이터가 파일 형태로 저장됩니다. 복제와 마찬가지로 슬랙공간과 비할당 영역까지 저장되어 삭제된 데이터를 복구할 수 있습니다.
원본과 내용이 동일한 DD명령어로 이미징하거나 데이터를 압축하여 크기를 줄이거나 암호화를 통해 데이터를 보호할 수도 있는 *.E01과 같은 포렌식 이미지 포맷을 사용하기도 합니다. 그리고 이미징은 파일 형태이기 때문에 배포 및 검증이 쉬운 장점이 있습니다.

1.4. 이미징 툴

디지털 포렌식 도구는 다양하게 존재하고 컴퓨터 포렌식, 모바일 포렌식, 라이브 포렌식 등 목적에 따라 다른 도구를 사용하게 됩니다. 보통 컴퓨터 포렌식을 사용할 때에 대표적인 포렌식 도구는 OpenText사의 EnCase와 Access Data사의 FTK가 있습니다.

FTK는 Forensic Took Kit의 약자로 여기에는 FTK Imager, Forensic Registry Viewer, Forensic PRTK 등 여러 프로그램들이 있습니다.

이 프로그램들은 상용으로 많은 비용을 지불해야만 사용이 가능하지만 FTK Imager는 무료이므로 이미징 작업에 사용하여도 비용이 들지 않습니다.

EnCase는 원래 1995년 ASR Data의 설립자인 Andrew Rosen이 자택에서 Expert Witness로 만들었습니다. 1998년 EnCase Forensic이 공식적으로 출시되었으며 2017년 Guidance Software는 OpenText에 의해 인수되었습니다. 쓰기방지, 이미징, 해시분석, 레지스트리분석, 파일 시그니처분석, 메일분석, 윈도아티팩트분석 등 다양한 기능을 제공하는 통합포렌식 도구로 이를 이용하여 보통 이미징 작업을 합니다.[29,30]

그림 1. 이미징 툴(Encase, FTK Imager)

1.5. 포렌식 파일포맷

- RAW

dd(disk dump) 명령어로 생성 가능하며 확장자로 001을 사용합니다. dd는 디스크 내 각각의 모든 섹터를 완전히 동일하게 바이트 단위 전송으로 동일한 raw 레벨 복사본을 만들기 때문에 원본과 완전히 동일한 형태의 이미지 파일이 생성됩니다.

Raw는 직관적으로 바로 분석이 가능하다는 장점이 있지만 오류 처리 및 해시함수와 같은 무결성 보장 기능이 없다는 단점이 존재합니다.

- **EWF**(Expert Witness Compression Format)

포렌식 전용 제품의 포렌식 이미지 포맷은 raw 이미지와 달리 생성일, 생성자, 매체세부 정보, 해시 등 메타데이터를 포함하며 압축 기능 및 암호화 기능을 제공하며 신뢰성 및 편의성이 높아 많이 사용합니다. 대표적인 포렌식 툴인 EnCase도 전문 증거 압축 포맷(Expert Witness Compression Format)을 제공하고 해시, 압축, 암호화 기능 등을 제공합니다. EnCase v6까지 E01형식을 사용하며 EnCase v7부터는 Ex01형식도 제공합니다.

E01 파일은 3가지 기본요소(헤더, 체크섬, 데이터 블록)로 구성되어있으며 헤더는 증거 파일 생성 시 조사관이 입력한 관리 정보, 세그먼트 수와 크기 등이 포함되며 체크섬(CRC) 아래 그림에서 보듯이 각 데이터 블록 뒤에 첨부되어 데이터의 오류를 감지합니다. 마지막에는 MD5 등 해시가 들어있으며 그 외에 압축 및 암호화 기능이 가능합니다.

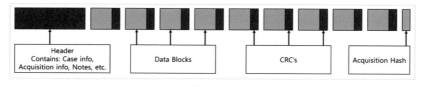

그림 2. E01 포맷구조

Data Block은 보통 64섹터로 구성되어있으며 데이터 블록의 CRC를 계산하고 끝부분에 CRC 값을 비교하여 데이터의 오류를 감시하며 MD5 해시는 Data Block들 값으로만 계산하여 마지막 해시데이터와 비교하여 무결성을 검사합니다.

　v7에서는 이전 버전에서 사용한 E01이 아닌 Ex01의 확장자를 가진
새로운 포맷을 제공합니다. 이 형식은 여전히 32비트 CRC로 데이터를
검증하고 있으며, bzip 압축을 통해 압축 성능을 높였습니다. 그리고 증거
파일의 무결성을 보장하기 위해 MD5, SHA1 해쉬를 사용할 수 있고
증거 파일을 암호화하기 위해 AES256을 사용하는 등 암호화 성능을
높였습니다.[31,32]

　E01 포맷은 Encase뿐 아니라 FTK imager, X-ways Forensice
소프트웨어에도 공통으로 제공하는 형식입니다.

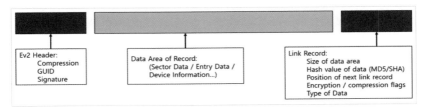

그림 3. Ex01 포맷구조

1.6. 해시함수

　디지털 포렌식에서 원본의 무결성을 보이기 위하여 해시함수를
사용합니다. 해시함수는 가변길이의 입력데이터를 받아 일정한 길이의
출력데이터로 변환시켜주는 함수입니다. 해시함수는 원래의 값을 변환한
출력키로 이용되어 검색하는 데 사용될 수 있으며 파일의 무결성을

검증하는 데 사용됩니다. 디지털 포렌식에서는 주로 MD5와 SHA-1을
사용합니다.

- MD5

Message-Digest algorithm 5의 약자로 임의의 입력데이터를 128비트, 즉
32개의 16진수 값 고정길이 출력으로 변환합니다. MD5는 1991년 Ronald
Rivest에 의해 결함이 발견된 MD4를 대체하기 위해 고안되었으나 1996년에
해시충돌이 발견되어 SHA1을 사용하는 추세입니다. 해시충돌이란 서로
다른 2개의 입력값에 대해 동일한 출력값을 내는 상황을 의미합니다.
해시함수를 암호에 이용할 경우 다른 암호를 넣어도 해독된다는 뜻입니다.
그러나 디지털 포렌식에서는 아직 사용 중입니다.

MD5는 가변길이 입력메시지를 512비트 블록(16개의 32비트 단어)의 청크로
나눕니다. 메시지는 길이가 512로 나누어지도록 패딩 됩니다. 패딩은
다음과 같이 작동합니다. 먼저 단일 비트 1이 메시지 끝에 추가됩니다.
그다음에는 메시지 길이를 512의 배수보다 작은 64비트로 만드는 데
필요한 만큼의 0이 옵니다. 나머지 비트는 원본 메시지의 길이를 나타내는
64비트로 채워집니다. 이후 MD5 알고리즘은 A, B, C 및 D로 표시된 4개의
32비트 워드로 분할된 128비트 상태로 만듭니다. 이들은 특정 고정 상수로
초기화됩니다. 그런 다음 각 512비트 메시지 블록을 차례로 사용하여
상태를 수정합니다. 메시지 블록의 처리는 라운드라고 하는 4개의 유사한
단계로 구성됩니다. 각 라운드는 비선형 함수 F, 모듈식 덧셈 및 왼쪽
회전을 기반으로 하는 16개의 유사한 연산으로 구성됩니다. 그림 1은

라운드 내 하나의 작업을 보여줍니다.[33]

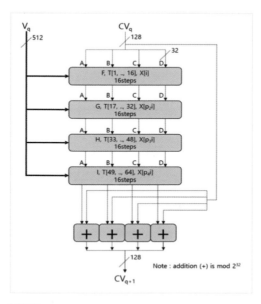

그림 4. The processing of the input at 512-bit block of the MD5

- SHA1

SHA-1은 Secure Hash Algorithm의 약자로 미국 정부의 Capstone 프로젝트 일부로 개발되었습니다. 알고리즘의 원래 사양은 미국 정부 표준기관 NIST(National Institute of Standards and Technology)에서 《Secure Hash Standard》이라는 제목으로 1993년에 출판되었습니다. MD5와 유사한 원리에 기초하여 변환하지만 128비트 고정길이가 아닌 160비트, 40개의 16진수로 변환됩니다.

SHA-1은 TLS 및 SSL, PGP, SSH, S/MIME 및 IPsec을 포함하여 널리 사용되는 여러 보안 응용프로그램 및 프로토콜의 일부에 사용됩니다.

하지만 2017년 구글에서 해시충돌을 발표하였으며 앞으로는 sha-256, sha-512 등이 사용될 가능성이 있습니다. 그러나 디지털 포렌식 영역에서는 널리 사용 중입니다.[34,35]

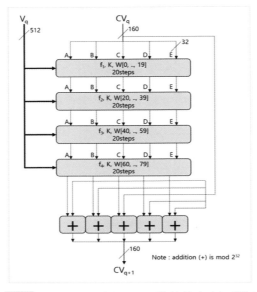

그림 5. The processing of the input at 512-bit block of the SHA-1

- Fuzzy

일반적인 해시함수는 1비트라도 입력값이 변경되면 해시출력값도 변경되며 값들 간에 어떠한 연관성을 찾는 것이 불가능하게 됩니다, 바이러스 연구에 있어 전통적인 정적 분석과 같이 MD5 및 SHA256을 사용하는 암호화 해시는 2013년에 일반적으로 사용되었으나 맬웨어를 만드는 해커는 탐지를 피하기 위해 맬웨어 방지기술에 대응하는 암호화 및 특정 부분수정을 통한 다양화 등 여러 탐지방지기술을 사용합니다. 따라서 안티바이러스 분석가는 매일 새로운 악성코드 유형을 파악하고 식별하기 위해 어려움을 겪었습니다.

동일한 맬웨어 서명을 탐지하기 위한 MD5, SHA-1 및 SHA-256 등 해시함수는 이런 변형에 곤란을 겪었으나 전체 파일을 고정된 세그먼트/조각으로 분리하고 부분 세그먼트에 대한 해시값, 롤링해시값 등을 이용하여 계산하는 새로운 개념의 fuzzy 해시는 이러한 어려움을 극복하여 두 파일 간의 유사성을 판단할 수 있습니다. 따라서 일정 부분이 유사한 문서를 검색하는 데 있어 효율적인 방법이며 안티바이러스 부분에 널리 사용 중입니다. ssdeep 함수나 X-way forensic에 구현되어있습니다.[36,37]

CHAPTER 2

무결성 분석
실습

2.1. 쓰기방지 – 레지스트리 편집기

1) Windows+R 〉 실행창 〉 regedit 입력 〉 확인

2) 키 생성(StorageDevicePolicies)

HKEY_LOCAL_MACHINE 〉 SYSTEM 〉 CurrentControlSet 〉 Control 〉
새로만들기 〉 키 〉 키 이름 : StorageDevicePolicies

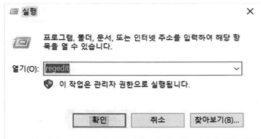

3) 레지스트리 생성(WriteProtect)

StorageDevicePolicies 〉 새로만들기 〉 DWORD(32비트)값 〉 파일명 :
WriteProtect

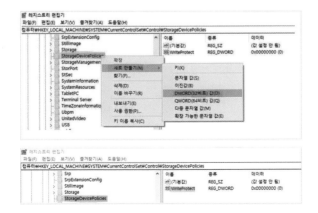

4) WriteProtect 값 데이터 수정하기

StorageDevicePolicies 〉 Write Protect 〉 수정 〉 값 데이터 : 1 〉 확인

(1 : 쓰기방지 On, 0 : 쓰기방지 Off)

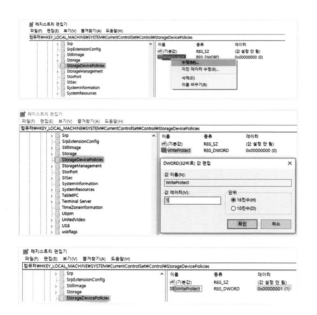

5) Write Protect 내보내기

쓰기방지 On

StorageDevicePolicies 〉 내보내기 〉 파일 이름 : WriteProtect 〉 저장

쓰기방지 Off

StorageDevicePolicies 〉 Write Protect 〉 수정 〉 값 데이터 : 0 〉 확인

StorageDevicePolicies 〉 내보내기 〉 파일 이름 : WriteProtectOff 〉 저장

6) 레지스트리 추가하기

프로그램 더블클릭 > 예 > 확인

쓰기방지 On

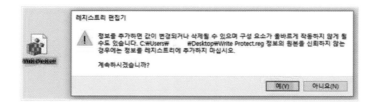

쓰기방지 Off

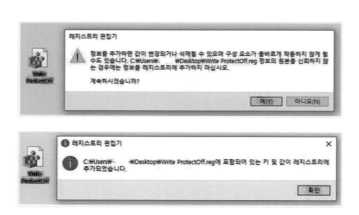

2.2. 쓰기방지 – Encase

1) Encase 실행 〉 Tools 〉 FastBloc SE…

2) Write-Block Mode 설정 〉 USB 연결

3) Clear All 버튼으로 쓰기방지 초기화

2.3. 쓰기방지 확인

1) 명령 프롬프트 실행

Windows+R 〉 실행창 〉 cmd 입력 〉 확인

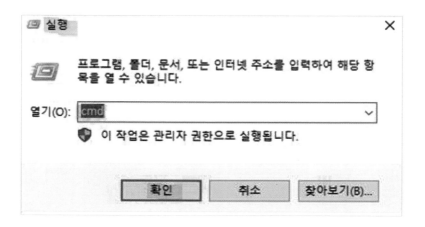

2) diskpart 진입

3) list disk 입력

4) select disk 1 입력

5) attribute disk 입력

강제실행 명령어) Gpupdate/force 입력

2.4. 디스크 이미징 - FTK Imager

1) FTK Imager 실행 > Add Evidence Item

2) Physical Drive > 다음

3) 해당 디스크 선택 〉 Finish

4) Export Disk Image

5) Add··· 〉 E01 〉 다음

6) 내용 입력 〉 다음

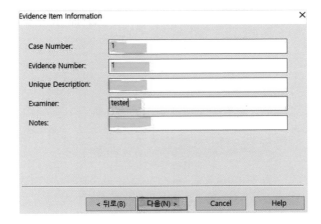

7) 저장 Path, 파일명, 분할압축, 압축률 설정 〉 Finish

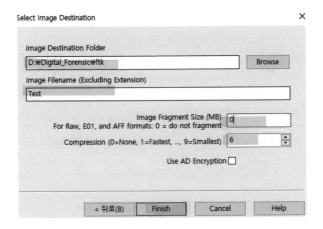

8) Start

9) 완료 후 Close 〉 Close 〉 저장된 폴더에서 해당 파일의 .txt 실행 〉
Hash값 확인

Evidence File 확인(.E01)

10) FTK Imager 실행 〉 Add Evidence Item 〉 Image File 〉 다음

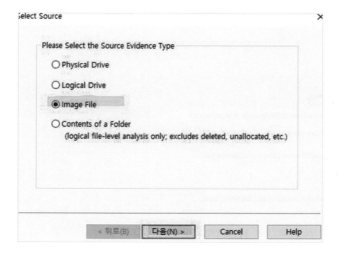

11) 해당 파일(.E01) 선택 〉 Finish

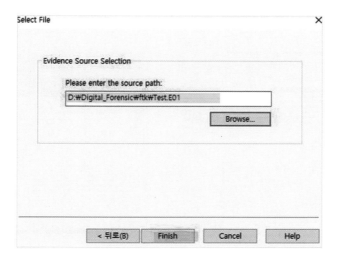

2.5. 디스크 이미징 - Encase

1) Encase 실행

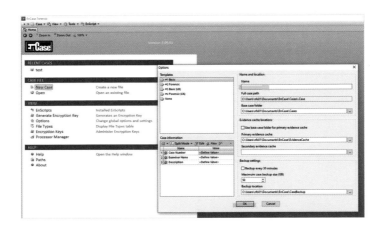

2) Add Evidence 〉 Add Local Device 〉 다음

3) 해당 디스크 체크 〉 마침

4) 해당 디스크 체크 〉 Process Evidence 〉 Acquire

5) 내용 입력 〉 저장할 Path 선택 〉 확인

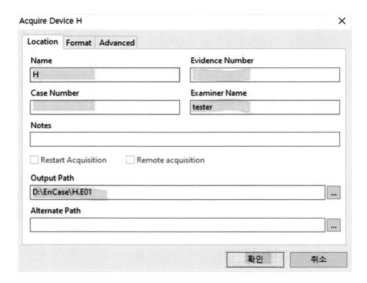

6) Acquiring 완료 후 Hash값(MD5, SHA1) 확인

Evidence File 확인(.E01)

7) New Case 생성

8) Add Evidence 〉 Add Local Device 〉 해당 E01 파일 선택 〉 열기

9) 열린 파일 Hash값(MD5, SHA1) 확인

1) WinHex 실행 〉 Tools 〉 Open Disk

2) 해당 디스크 선택 〉 OK

3) File 〉 Create Disk Image

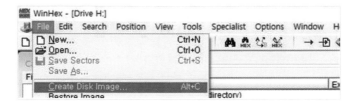

4) 저장 설정 〉 OK

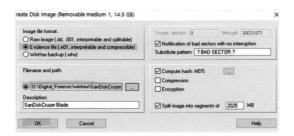

5) Hash값 기록 (MD5)

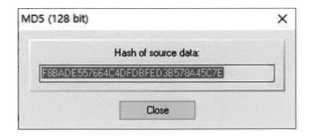

Evidence File 확인(.E01)

6) File 〉 Open

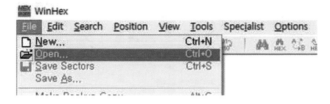

7) 해당 파일(.E01) 선택 〉 파일형식 Raw Image or Evidence File 선택 〉 열기

8) Tools 〉 Compute Hash

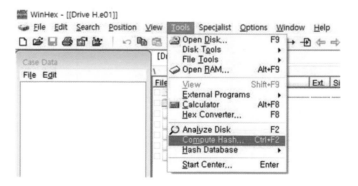

9) Hash 값 확인

PART III

디스크
포렌식

CHAPTER 1

파일시스템 관련 기본개념

1.1. 파일시스템이란

컴퓨터시스템은 데이터를 장기간 안정적으로 저장하고 효율적으로 검색하는 방법이 필요합니다. 컴퓨터 내 수십, 수백만 개의 데이터가 존재하는 파일 및 폴더 등을 저장매체의 비어있는 공간에 효율적으로 읽기, 쓰기 하며 관리하는 체제가 파일시스템입니다.[38,39]

파일시스템을 아래 표와 같이 많은 종류가 존재합니다.

운영체제	파일시스템
Windows	FAT(File Allocation Table, FAT12, FAT16, Fat32), NTFS(New Technology File System) exFat(Extended File Allocation Table, Fat64)
Mac OS	APFS(Apple File System), HFS+(Mac OS Extended), exFAT
Linux	EXT(Extended File System), EXT2, EXT3, EXT4
Unix	UFS(Unix file system)
OS/2	HPFS(High Performance File System)
IRIX	XFS(X-Methods File System)
IBM AIX	JFS(Journaled File System), JFS2(Enhanced Journaled File System)

파일시스템의 여러 기능

- 파일을 생성, 수정, 삭제를 가능하게 합니다.
- 적절한 방법을 통한 파일의 공동사용 등 다양한 종류의 접근이 가능하게 합니다.
- 데이터의 훼손을 방지하기 위해 백업 및 복구 기능을 제공합니다.
- 저장된 데이터가 손실되지 않게 무결성을 유지하는 기능을 제공합니다.
- 파일의 효율적인 저장과 관리방안을 제공합니다.
- 데이터를 안전하게 보호하기 위해 암호화 및 복호화 기능을 제공합니다.

1.2. 하드디스크 구조

하드디스크는 비자성체인 알루미늄 같은 비금속 원형디스크 표면에 자성체인 산화 금속막을 양면에 도장한 플래터(Platter)에 자기를 정렬하는 원리로 기록하고 지웁니다. 디스크 중심에 위치한 스핀들(Spindel) 모터를 통해 실린더를 회전시키며 바늘같이 생긴 헤드가 움직여서 데이터를 읽고 쓰게 됩니다.

플레터 하나당 2개의 읽기/쓰기 헤더가 있으며, 하드디스크는 여러 개의 플레터를 가지고 있습니다.[40]

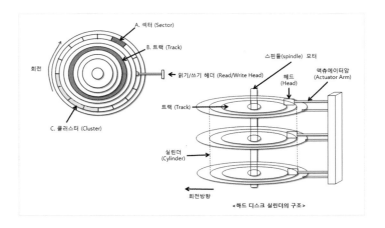

<하드 디스크 실린더의 구조>

- A. 섹터 : 하드디스크의 물리적 최소 단위로 571byte로 구성되어있습니다.

   59byte : 각 섹터의 고유번호 지정하는 용도

   512byte : 실제 데이터 저장공간
- B. 트랙 : 섹터의 모임으로 동심원 전체
- C. 클러스터 : 데이터를 읽고 쓰는 논리적 기본단위로서 파일시스템은 클러스터 단위로 입출력 작업을 합니다.

클러스터 크기가 작을 경우 버려지는 용량이 적어 효율적이나 관리하는 FAT 크기가 커지는 단점이 있습니다. 클러스터의 크기가 클 경우 동영상 같은 대용량 파일저장에 효율적이나 클러스터 크기보다 작은 파일들이 많을 경우 버려지는 공간이 많이 생기는 단점이 있습니다.

섹터와 트랙의 크기는 하드디스크 제조공정에서 정해지며 클러스터의 크기는 사용자의 포맷작업에서 지정할 수 있습니다.

1.3. 슬랙공간

– 슬랙공간은 저장매체에 물리적으로 존재하는 영역이지만 실제로 사용되진 않는 공간을 말합니다. 종류로는 램 슬랙, 드라이브 슬랙, 파일 슬랙, 파일시스템 슬랙, 볼륨 슬랙으로 나누고 있습니다.

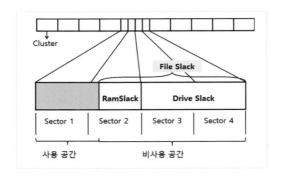

- **RAM 슬랙** : 섹터에 남는 비할당 영역

램 슬랙은 메모리에 있는 데이터가 저장매체에 쓰일 때 물리적으로는 섹터 단위로 기록됩니다. 섹터를 완전히 채운 데이터가 아닌 경우 나머지는 0으로 쓰이며 이를 램 슬랙이라 합니다.

- **Drive 슬랙** : 클러스터에 남은 비할당 영역

드라이브 슬랙은 데이터가 저장매체에 쓰일 때 논리적으로 클러스터 단위로 기록됩니다. 따라서 클러스터에 못 미치는 데이터의 경우 섹터가 쓰이지 않고 남아있습니다. 드라이브 슬랙의 남는 섹터에는 어떠한 작업도 하지 않습니다. 이런 원인으로 드라이브 슬랙에 예전 데이터가 존재할 수 있습니다.

- **File 슬랙** : 클러스터 내 Ram 슬랙과 Drive 슬랙을 더한 비사용공간

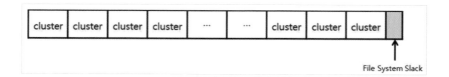

- **File System 슬랙** : 파티션 할당 후 클러스터 크기 때문에 남은 비 할당 영역

파일시스템은 저장매체를 물리적인 공간 내 클러스트의 크기에 따라 파일시스템을 만들고 할당합니다. 파일시스템 마지막 부분에 사용할 수 없는 영역이 발생하게 되면 파일시스템 슬랙이라 합니다.

Partition 1	Partition 2	Partition 3	Volume Slack

- **Volume 슬랙** : 디스크드라이브에 파티션 할당 후 남는 비할당 영역

전체 디스크드라이브 크기와 무관하게 파티션의 개수와 크기를 사용자가 임의로 할당할 수 있기 때문에 할당이 되지 않고 남는 공간을 Volume 슬랙이라 합니다.[41,42]

1.4. 데이터 접근 방식

- **CHS**(Cylinder, Head, Sector) : CHS 방식은 실린더, 헤드, 섹터 같은 디스크의 물리적 구조에 따라 접근하는 방법으로 초기 ATA표준에서 BIOS의 지원 Bit 차이로 504MB까지 접근 가능하였으며 그 후 BIOS Bit 확장으로 8.1GB까지 접근 가능하게 되었지만 대용량 디스크 지원 문제로 ATA-6부터 표준에서 제외되어 LBA 방식으로 대체됨.

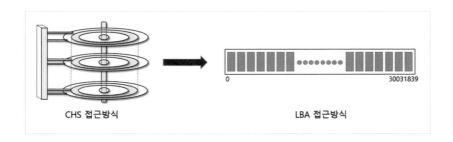

CHS 접근방식   LBA 접근방식

- **LBA**(Logical Block Addressing)

LBA 방식은 물리적인 구조에 대한 고려 없이 디스크의 0번 실린더, 0번 헤드, 1번 섹터를 첫 번째 블록으로 지정하고 디스크의 마지막 섹터까지

순서적으로 나열하는 방법으로 주소를 지정하는 방식입니다. LBA
방식으로 논리주소를 얻으면 디스크 컨트롤러가 자동으로 물리주소로
변환시켜줍니다. 초기에는 28Bit로 127GB가 관리 가능하며 이후에는
48Bit를 사용합니다.

- CHS 방식 용량 = 실린더개수 × 헤드개수 × 섹터개수 × 512byte

  LBA 방식 용량 = 전체 섹터개수 × 512byte

파티션과
MBR

디스크(Disk)

시스템에 부착된 물리적인 저장장치를 말하며 일반적으로 하드디스크 (HDD)를 의미했지만 근래에는 플래시메모리, SSD 등도 디스크로 불립니다.

파티션(Partition)

물리적인 저장장치인 디스크를 복수 개의 독립적이고 논리적인 별도의 저장장치처럼 분할하여 역할을 합니다. 즉 물리적인 디스크 저장장치를 여러 독립적인 공간으로 구분한 영역을 파티션이라 하며 데이터 저장 및 관리 등의 편의를 위하여 사용자에 의해 생성됩니다. 하나의 디스크에 여러 개의 OS를 설치하거나 OS와 Data 영역을 별도로 나누어 관리하고자 할 때 유용합니다.

볼륨(Volume)

볼륨은 단일 파일시스템을 사용하여 접근할 수 있는 저장공간을 의미합니다. 일반적으로 디스크를 파티션으로 구분하고, 각 파티션을 파일시스템으로 포맷하여 볼륨을 만들어 사용합니다. 여러 개의 하드디스크를 하나의 볼륨으로 인식하게 할 수도 있습니다. 파티션을 볼륨으로 간주할 수도 있지만 파티션은 볼륨과 달리 물리적으로 연속되어있는 섹터들의 집합이란 차이가 있습니다.

BR	Partition			
MBR	BR	Partition #2	BR	Partition #2

디스크를 단일볼륨(위)으로 생성한 추상구조, 다중 파디션(2개의 파티션, 아래)으로 나눈 추상구조

MBR(Master Boot Record)

- ROM BIOS에 의한 부팅 시 POST 과정 끝에서 BIOS는 시스템의 첫 번째 플로피 또는 하드디스크의 첫 번째 섹터를 읽고 실행합니다. 저장장치 첫 번째 섹터인 0번 섹터의 512byte에 MBR이 있으며 부트코드와, 파티션 테이블, 시그니처 세 부분으로 구성되어있습니다.

- MBR 부트코드는 파티션 테이블에서 부팅 가능한 파티션을 검색하고 부팅 가능한 파티션이 존재하는 경우 그 파티션의 VBR로 이동합니다. 만약 부팅 가능한 파티션이 없으면 오류메시지를 출력하게 합니다.

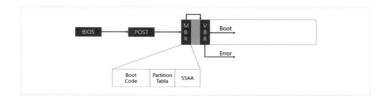

- 최근에는 MBR의 단점을 보완한 GPT(GUID Partition Table)가 사용됩니다.

- 운영체제는 생성한 파티션의 크기, 위치정보 등을 MBR(Master Boot Record)의 Partition Table에 저장합니다. Partition Table은 16바이트씩 총 4개의 파티션 정보를 저장할 수 있습니다. 각 파티션은 어떤 종류의 파일시스템으로 포맷했는지에 따라 각 파티션의 시작 위치에 VBR(Volume Boot Record)이 생성되기도 하고 Super Block이 생성되기도 합니다. 윈도 운영체제의 FAT 파일시스템과 NTFS 파일시스템은 파티션의 처음 부분에 VBR이 존재하며 EXT 파일시스템은 파티션의 처음 부분에 Super Block이 존재합니다.[43]

2.1. MBR의 구조 및 하는 일

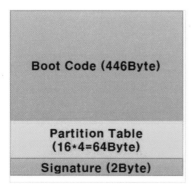

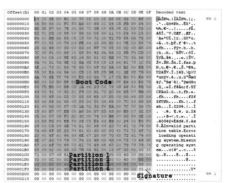

주 소		내용	하는 일
10진수	16진수		
0 – 445	0x0000 – 0x01BD	Boot code	– 부팅 가능 파티션 검색 – 에러로딩 기능 – 에러메시지
446 – 461	0x01BE – 0x01CD	파티션 테이블 1	
462 – 477	0x01CE – 0x01DD	파티션 테이블 2	– 파티션 부팅 가능 여부 – 파티션의 시작주소 – 파티션 타입 – 파티션 총 섹터 수
478 – 493	0x01DE – 0x01ED	파티션 테이블 3	
494 – 509	0x01EE – 0x01FD	파티션 테이블 4	
510 – 511	0x01FE – 0x01FF	Signature (0x55AA)	– MBR 시그니처

위의 그림에서 보듯이 446번지부터 509번지까지 Partition Table은 16바이트씩 총 4개의 파티션 정보를 가지고 있으며

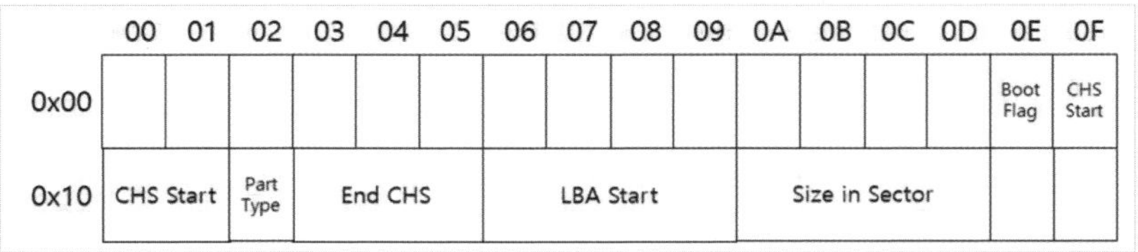

	00	01	02	03	04	05	06	07	08	09	0A	0B	0C	0D	0E	0F
0x00															Boot Flag	CHS Start
0x10	CHS Start		Part Type	End CHS			LBA Start				Size in Sector					

16byte의 영역을 오프셋별로 나타내면 다음과 같습니다.

0 : 파티션의 부트 플래그

1~3 : CHS 시작주소(현재 사용되지 않음)

4 : 파티션 파일시스템 종류

5~7 : CHS 끝나는 주소(현재 사용되지 않음)

8~11 : LBA 시작주소(파티션의 시작주소)

12~15 : 파티션의 총 섹터 수

표에서 알 수 있듯이 0번의 부트 플래그로서 파티션의 부팅 가능 여부를 알려줍니다.

부트 플래그	내용
0x80	부팅 가능
0x00	부팅 불가능

4번째는 파티션의 종류를 아래 표와 같이 알려주며 중요한 부분은 0x07의 NTFS, 0x0C의 FAT32, 0x0F 확장파티션 등을 들 수 있습니다. CHS 관련 정보는 사용되지 않으므로 중요하지 않습니다.

파티션 플래그	파티션 이름	파티션 플래그	파티션 이름
0x00	Empty	0x82	Solaris x86
0x01	FAT12, CHS	0x82	Linux Swap
0x04	FAT16, CHS	0x83	Linux
0x05	MS Extended partition, CHS	0x85	Linux Extended
0x07	NTFS	0xA5	FreeBSD
0x0B	FAT32, CHS	0xA6	OpenBSD
0x0C	FAT32, LBA	0xA8	MAC OS X
0x0F	Extended partition, LBA	0xAB	MAC OS X Boot
0x86	NTFS Volume Set		
0x87	NTFS Volume Set		

8~11은 파티션의 시작주소를 가리키므로 VBR 부분의 알 수 있고 12~15는 파티션의 총 섹터 수를 알 수 있으므로 파티션의 끝부분을 알 수 있습니다.

실제 하나의 파티션 테이블을 계산해보면

```
0000001B0   65 6D 00 00 00 63 7B 9A 92 84 13 6F 00 00 00 20
0000001C0   21 00 0C 35 70 05 00 08 00 00 00 00 40 00 00 35
```

▶ 파티션 테이블, [Bootable Flag(1byte), Starting CHS Addr(3byte), Partition Type(1byte), Ending CHS Addr(3byte), Starting LBA Addr(4byte), Size in Sector(4byte)]

파티션 #1

- Booting Flag : 0, 부팅 불가능
- Partition Type   : 0C, FAT32
- Starting LBA Addr : 00 08 00 00, Sector. 2,048
- Size in Sector   : 00 00 40 00, 4194304

가 되어있습니다. 여기서 IBM CPU 특성상 리틀 엔디안(Little Endian) 방식으로 저장되어있으므로 아래와 같이 숫자 변환하여 계산하여야 합니다.

Hex 값 10진수 변환

리틀 엔디안 〉 빅 엔디안으로 변환 〉 10진수 해석

ex) 00 08 00 00 〉 00 00 08 00 〉 2,048

2.2. 확장파티션

　MBR에 파티션 테이블(Partition Table)은 총 4개가 있으므로 4개 이상을 나눌 수 없는 것이 아니고 4개의 파티션 이후 마지막 파티션 테이블에 확장파티션으로 더 분리 가능합니다.

　확장파티션을 이용하면 논리드라이브를 무한정 만들 수 있습니다.

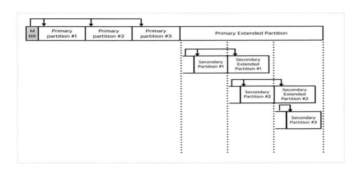

확장파티션 개념도

　4개 이상의 파티션을 만들면 자동적으로 확장파티션으로 구성됩니다. MBR을 살펴보면 3개의 파티션은 그대로이나 4번째 파티션 정보가 0x0F로 확장파티션임을 알 수 있습니다.

```
0000001A0   67 20 6F 70 65 72 61 74 69 6E 67 20 73 79 73 74
0000001B0   65 6D 00 00 00 63 7B 9A 31 3E 2E EC 00 00 00 20
0000001C0   21 00 07 35 70 05 00 08 00 00 00 00 00 40 00 00 35
0000001D0   71 05 07 4B 81 0A 00 08 40 00 00 00 40 00 00 4B
0000001E0   82 0A 07 60 D1 0F 00 08 80 00 00 00 40 00 00 60
0000001F0   D2 0F 0F FE FF FF 00 08 C0 00 00 38 0A 01 55 AA
000000200   00 00 00 00 00 00 00 00 00 00 00 00 00 00 00 00
```

표시된 VBR 시작주소를 아래와 같이 계산하여 위치로 가면

확장파티션의 BR값 (첫 번째 EPP값)	16진수 : 0x00C00800 10진수 : 12584960

    EBR(Extended Boot Record)이 보입니다. EBR은 MBR과 동일한 구조로
이루어져 있습니다. EBR에 필요 없는 부트코드 영역인 446byte까지
0x00으로 채워지며 첫 번째 파티션 엔트리는 해당 파티션의 VBR을
가리키고 두 번째 파티션 엔트리는 다시 추가확장 파티션 EBR의 위치를
기록합니다. 3, 4번째 파티션 정보는 0x00으로 채워집니다. 마지막에
시그니처(0x55AA)가 존재합니다. 여기서는 하나의 확장파티션을 생성하여
아래와 같이 하나의 파티션 정보만 존재합니다.

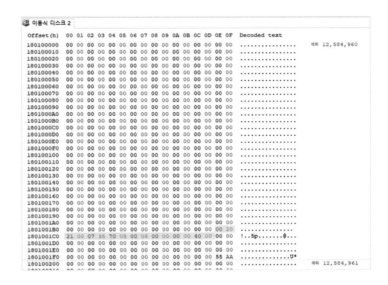

만약 확장파티션을 하나 더 생성시키면 아래와 같이 2개의 파티션 엔트리

정보가 생깁니다.

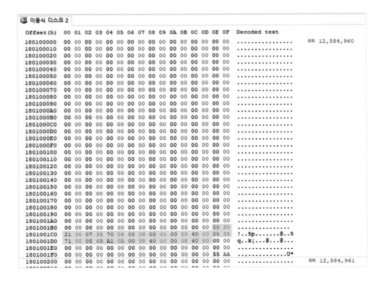

CHAPTER 3

FAT

• • • FAT(File Allocation Table) 파일시스템은 1977년 개발된 마이크로소프트사의 MS-DOS 및 윈도 9x 운영체제의 주 파일시스템으로 가장 간단한 파일시스템입니다. 또한 모든 NT 같은 윈도 운영체제 및 유닉스에서도 지원합니다. FAT은 디지털카메라와 USB드라이버에서도 볼 수 있습니다. FAT 파일시스템 안에는 FAT 영역 즉 파일할당테이블이 존재하여 파일시스템을 말하는지 테이블을 말하는지 문맥을 살펴볼 필요가 있습니다.

FAT는 FAT12, FAT16, FAT32, FAT64 등이 있으며 FAT 뒤에 붙어 있는 숫자는 FAT 엔트리(클러스터의 위치와 순서)의 비트 수입니다.

FAT12 : MS-DOS 초기와 플로피디스크에 사용됩니다.

FAT16 : 16비트 파일시스템으로서 최대 65,526개의 클러스터를 매핑할 수 있습니다. Windows 95까지 사용되었습니다. 최대 2GB의 하드디스크에서 사용할 수 있습니다. 이후 버전에서는 최대 4GB 지원할 수 있었습니다. 초기 SD 카드에서 사용됩니다. FAT16 파일시스템에서는 파일 이름이 파일 이름은 8자리 확장자는 3자리 명명 규칙을 준수해야 합니다.

FAT32 : 계산상 16TB까지 지원 가능하나 Windows 운영체제의 기능을 초과합니다. 즉 Windows XP, Vista, ME 및 2000 버전은 FAT32

볼륨을 최대 32GB로 제한하였고 Windows 10과 같은 최신 Windows 운영체제도 최대 2TB 크기입니다. FAT32는 최대 255자 길이의 파일 이름을 허용합니다.

exFAT : Extended File Allocation Table의 약자로 FAT64라고도 불리기도 합니다. 고용량, 고속의 플래시메모리를 효율적으로 다루기 위해 개발되었습니다. 최대 $2^{32}-11=4,294,964,285$개의 클러스터를 관리할 수 있습니다. 최대 파일/파티션 크기는 권장 512TB, 이론상 128PB입니다.[44]

	FAT12	FAT16	FAT32	exFAT
0x80클러스터 비트 수	12	16	32	64
최대 클러스터 수	4084 ($2^{12}-12$)	65,524 ($2^{16}-12$)	268,435,444 ($2^{28}-12$)	4,294,964,285
최대 볼륨	16MB	2GB	2TB(실제는 32GB)	64ZB(실제는 512ZB)
파일 하나 최대 크기	16MB	2GB	4GB	64ZB(실제는 512ZB)
디렉터리 최대 파일 수		16,384	65,534	2,796,202

- FAT 파일시스템 구조

FAT 파일시스템 구조는 아래 그림처럼 크게 3부분(예약 영역, FAT 영역, 데이터 영역)으로 나눌 수 있습니다. VBR(예약 영역 0번 섹터)에 부트코드와 파티션의 정보(볼륨 크기, FAT 위치 등) 등이 있고 FAT에 클러스터에 대한 정보를 저장하고 있으며 데이터 영역 중 Root Directory에 파일에 대한 각종 정보가 있으며 여기에서 지정된 번지에 데이터가 저장되어있습니다.

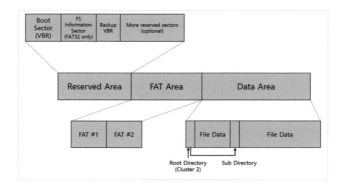

1) 예약 영역(Reserved Area)

예약 영역은 FAT 파일시스템에서 파티션의 시작 부분에 존재합니다. FAT32는 32섹터를 사용하고 부트섹터(Boot Sector), 파일시스템 정보(FSINFO, File System Information), 추가 예약섹터로 이루어져 있습니다. 여기서 부트섹터는 0번 섹터에 존재하는데 다른 말로 VBR(Volume Boot Record)로 불리는데 Boot Code, 볼륨 크기, FAT 위치 등 볼륨에 관한 다양한 정보를 가지고 있습니다.[45]

FSINFO는 1번 섹터에 존재하며 운영체제에게 첫 비할당 클러스터의 위치와 전체 비할당 클러스터의 수를 알려주는 역할을 하여 새로운 클러스터를 어디에 할당할 것인지 결정하는 데 필요한 정보를 가지고 있습니다.

VBR이 손상되면 볼륨의 정상적인 인식이 불가능하며 의도적으로 볼륨의 존재를 숨기기 위해 VBR를 훼손하는 경우가 존재합니다. VBR 손상 시에는 인식이 불가능한 중요한 문제이므로 6번째 섹터에 Backup VBR이 존재합니다. 이를 통해 복구가 가능합니다.

– FAT32 VBR

파티션의 0번 섹터를 열어보면 아래와 같으며

```
Offset(h)  00 01 02 03 04 05 06 07 08 09 0A 0B 0C 0D 0E 0F   Decoded text
000100000  EB 58 90 4D 53 44 4F 53 35 2E 30 00 02 08 1E 20   ëX.MSDOS5.0....
000100010  02 00 00 00 00 00 F8 00 00 00 3F 00 FF 00 00 00   .....ø..?.ÿ.....
000100020  00 00 40 00 F1 0F 00 00 00 00 00 00 02 00 00 00   ..@.ñ..........
000100030  01 00 06 00 00 00 00 00 00 00 00 00 00 00 00 00   ................
000100040  80 00 29 99 33 6D DE 4E 4F 20 4E 41 4D 45 20 20   €.)™3mÞNO NAME
000100050  20 20 46 41 54 33 32 20 20 20 33 C9 8E D1 BC F4      FAT32   3ÉŽÑ¼ô
000100060  7B 8E C1 8E D9 BD 00 7C 88 56 40 88 4E 02 8A 56   {ŽÁŽÙ½.|ˆV@ˆN.ŠV
000100070  40 B4 41 BB AA 55 CD 13 72 10 81 FB 55 AA 75 0A   @´A»ªUÍ.r..ûUªu.
000100080  F6 C1 01 74 05 FE 46 02 EB 2D 8A 56 40 B4 08 CD   öÁ.t.þF.ë-ŠV@´.Í
000100090  13 73 05 B9 FF FF 8A F1 66 0F B6 C6 40 66 0F B6   .s.¹ÿÿŠñf.¶Æ@f.¶
0001000A0  D1 80 E2 3F F7 E2 86 CD C0 ED 06 41 66 0F B7 C9   Ñ€â?÷â†ÍÀí.Af.·É
0001000B0  66 F7 E1 66 89 46 F8 83 7E 16 00 75 39 83 7E 2A   f÷áf‰Fø.~..u9.~*
0001000C0  00 77 33 66 8B 46 1C 66 83 C0 0C BB 00 80 B9 01   .w3f‹F.f.À.».€¹.
0001000D0  00 E8 2C 00 E9 A8 03 A1 F8 7D 80 C4 7C 8B F0 AC   .è,.é¨.¡ø}€Ä|‹ð¬
0001000E0  84 C0 74 17 3C FF 74 09 B4 0E BB 07 00 CD 10 EB   „Àt.<ÿt.´.».Í.ë
0001000F0  EE A1 FA 7D EB E4 A1 7D 80 EB DF 98 CD 16 CD 19   î¡ú}ëä¡}€ëß˜Í.Í.
```

	00	01	02	03	04	05	06	07	08	09	0A	0B	0C	0D	0E	0F
0x00	Jump boot code			OEM Name									Byte per Sector		Sector per cluster	Reserved sector count
0x10	Number of FATs	Root directory entry count	Total sector 16		Media	FAT Size 16		Sector ver track	Number of heads		Hidden sectors					
0x20	Total sector 32				FAT Size 32				External Flag		File system version		Root directory cluster			
0x30	File system info		Boot record backup		Reserved											
0x40	Number of drives	Reserved	Boot signature		Volume ID				Volume label							
0x50				File system type												

의미	내용
Jump Bood code	Boot Strap Code로 점프하기 위한 부분입니다.
OEM Name	OEM 회사를 나타내는 문자열로써, FAT32는 MSDOS 5.X로 표시됩니다.
Byte PerSector	한 섹터가 몇 byte로 구성되어있는지를 나타냅니다. 기본 512byte입니다.
SP	클러스터를 구성하는 섹터의 수입니다. 기본적으로 8개의 섹터를 사용합니다. (4,096byte)
RS (Reserved Sector)	예약된 섹터의 개수입니다.
Media Type	볼륨이 어떤 미디어 매체를 이용하는지를 나타냅니다. 고정식 디스크는 0xF8이 쓰입니다.
FAT Size 32	FAT 영역의 섹터 수를 나타냅니다. 단, FAT 1개에 대한 크기입니다.
File System Version	FAT32의 버전 정보를 나타냅니다.
Root Directory Cluster	루트디렉터리의 시작 위치를 나타냅니다.
File System Information	FSInfo 구조체에 대한 정보가 어디에 저장되어있는지를 나타냅니다. BR 기준 보통 1번 섹터에 저장됩니다.
Boot Record Backup Sector	BR이 백업된 섹터 번호를 나타냅니다. 기본값으로 6을 사용합니다.
Volume ID	볼륨 시리얼 번호를 나타냅니다.
Volume Label(1, 2)	볼륨의 이름을 기록합니다.
File System Type	해당 파일시스템의 타입을 나타낸다, FAT32의 값을 저장합니다.

- OEM Name : MSDOS5.0
- Sector per Cluster : 0x08
- Reserved Sector : 0x202E
- Number of FATs : 0x02
- Total Sector 32 : 0x00800000
- FAT Size 32 : 0x00001FE9
- Root Directory Cluster : 0x00000002
- File System Info : 0x0001
- BR Backup Sector : 0x0006

각 영역별 정보에 대한 해석결과는 다음과 같습니다.

Backup Boot Sec : 0x6

- 6번째 섹터에 Backup boot sector가 존재합니다.

BPS(Bytes Per Sector) : 0x200

- 섹터 1개의 크기가 512Bytes입니다.

SP(Sector Per cluster) : 0x8

- 1개의 클러스터는 8개의 섹터로 구성되어있습니다.
  (일반적으로 1개 클러스터는 8개 섹터로 구성되어있습니다.)

Reserved Sec Cnt(Reserved Sector count) : 0x202E

- VBR의 크기가 8238섹터입니다.

Total Sector 32 : 0x800000

- 파티션이 차지하는 총 섹터 수가 8,388,608개이며, 이를 통해 볼륨 용량을 구할 수 있습니다.
- 볼륨 용량 = 총 섹터 수 * 섹터 크기 – (VBR + FAT#1 + FAT#2가 차지하는 섹터 수) * 섹터 크기

FAT Size 32 : 0x1FE9

- FAT#1, FAT#2 영역의 크기는 각각 8169섹터입니다.

Root Directory Cluster : 0x2

- 파일시스템의 가장 최상위 root 폴더를 2번 클러스터로 정의합니다.

2) FAT 영역

예약 영역 바로 다음에 FAT 영역이 존재합니다. 하는 역할은 존재하는 클러스터에 데이터가 할당되었는지 여부 즉 클러스터 할당상태 및 연결클러스터를 표시해주는 파일할당테이블입니다. FAT 영역은 FAT1과 FAT2 2개가 존재하며 FAT1과 FAT2 안의 내용은 동일합니다. FAT2는 FAT1이 손상된 경우 이의 복구 용도의 백업입니다. 아래 그림에서 보듯이 4byte씩 클러스터의 할당 여부가 표시되어있습니다. 0x00000000인 경우 비어있는 클러스터이며 0x?0000002~0x?FFFFFEF가 오면 할당된 클러스터입니다.

FAT 엔트리 내용	설명
0x?0000000	비어있는 클러스터
0x?0000001	예약된 클러스터
0x?0000002~0x?FFFFFEF	사용하고 있는 클러스터(Allocated Cluster)
0x?FFFFFF0~0x?FFFFFF6	예약된 클러스터
0x?FFFFFF7	불량 클러스터(Bad Cluster)
0x?FFFFFF8~0x?FFFFFFF	

0번 FAT 엔트리는 미디어의 타입을 나타내고 1번 FAT 엔트리 파티션의 상태를 나타내므로 데이터 영역의 클러스터는 2부터 시작합니다.

1개 클러스터를 차지하는 파일을 2개 생성시키면 2번 클러스터에 0F FF FF FF로 마지막 클러스터(EoC, End of Cluster)임으로 하나의 cluster로 파일이 생성되었음을 알 수 있습니다. 또한 3번 클러스터에도 EoC이므로 하나의

cluster로 또 다른 파일이 생성되었음을 알 수 있습니다.

```
Offset(h)  00 01 02 03 04 05 06 07 08 09 0A 0B 0C 0D 0E 0F  Decoded text
000505C00  F8 FF FF 0F FF FF FF FF FF FF FF 0F FF FF FF 0F  øÿÿ.ÿÿÿÿÿÿ.ÿÿÿ.
000505C10  00 00 00 00 00 00 00 00 00 00 00 00 00 00 00 00  ................
000505C20  00 00 00 00 00 00 00 00 00 00 00 00 00 00 00 00  ................
000505C30  00 00 00 00 00 00 00 00 00 00 00 00 00 00 00 00  ................
000505C40  00 00 00 00 00 00 00 00 00 00 00 00 00 00 00 00  ................
000505C50  00 00 00 00 00 00 00 00 00 00 00 00 00 00 00 00  ................
000505C60  00 00 00 00 00 00 00 00 00 00 00 00 00 00 00 00  ................
000505C70  00 00 00 00 00 00 00 00 00 00 00 00 00 00 00 00  ................
```

1개 클러스터를 차지하는 파일을 1개 생성시키고 5개의 클러스터의 용량을 가진 파일을 하나 더 생성시키면 2번 클러스터에 EoC로 하나의 cluster로 파일이 생성되었음을 알 수 있고 3번 클러스터에 4, 그러므로 4번 클러스터에 가면 5, 5번 클러스터에 6, 6번 클러스터에 7, 7번 클러스터에 EoC이므로 5개의 cluster로 또 다른 파일이 생성되었음을 알 수 있습니다. 즉 각각의 FAT 영역에서의 FAT Entry들은 자신의 다음 클러스터의 값을 담고 있습니다.

파일은 디렉터리 엔트리에 파일의 속성정보 및 시작클러스터가 기록되어있으며, FAT테이블에 시작클러스터에 오면 연결된 파일의 다음클러스터가 기록되게 되는 단일 연결목록(Linked List)형식으로 표현됩니다.

```
Offset(h)  00 01 02 03 04 05 06 07 08 09 0A 0B 0C 0D 0E 0F  Decoded text
000505C00  F8 FF FF 0F FF FF FF FF FF FF FF 0F 04 00 00 00  øÿÿ.ÿÿÿÿÿÿÿ.....
000505C10  05 00 00 00 06 00 00 00 07 00 00 00 FF FF FF 0F  ............ÿÿÿ.
000505C20  00 00 00 00 00 00 00 00 00 00 00 00 00 00 00 00  ................
000505C30  00 00 00 00 00 00 00 00 00 00 00 00 00 00 00 00  ................
000505C40  00 00 00 00 00 00 00 00 00 00 00 00 00 00 00 00  ................
```

이 예제는 USB를 포맷하고 새로 파일을 생성시켜서 데이터가 연속적으로 되어있어 클러스터 번호가 연속적이지만 오래 사용하게 되면 파일이 연속적으로 저장되어있지 않아 클러스터 번호도 연속적으로 되어있지 않습니다.

3) 데이터 영역

– 디렉터리 엔트리(Directory Entry)

데이터 영역에 존재하는 데이터는 디렉터리 엔트리와 실제 파일이 있습니다. 디렉터리 엔트리에는 파일의 이름, 확장자, 속성, 파일저장 시작클러스터 위치, 파일 크기, 파일 시간 정보가 있습니다.

디렉터리 엔트리의 크기는 32byte이며 아래 그림은 디렉터리 엔트리의 구조입니다.

시간은 2진수로 변환 후 5비트(hhhhh)/6비트(mmmmmm)/5비트(sssss)로 나누어 계산하여야 하고 날짜는 7비트(yyyyyyy)/4비트(mmmm)/5비트(ddddd)로 나누어 계산하여야 합니다.

	00	01	02	03	04	05	06	07	08	09	0A	0B	0C	0D	0E	0F
0x00	Name								Extension			Attr	Reserved		Create Time	
0x10	Created Date		Last Accessed Date		Starting Cluster High		Last Written Time		Last Written Date		Starting Cluster Low		File Size			

실제 아래 그림의 ABC.TXT가 저장된 디렉터리 엔트리를 해석해보면
아래와 같습니다.

```
0009000090  F0 52 F0 52 00 00 3C 48 F0 52 00 00 00 00 00 00  ðRðR..<HðR......
0009000A0  41 42 43 20 20 20 20 20 54 58 54 20 18 19 40 48  ABC   TXT ..@H
0009000B0  F0 52 F0 52 00 00 2D 48 F0 52 17 00 40 00 00 00  ðRðR..-HðR..@...
0009000C0  41 49 00 6D 00 61 00 67 00 65 00 0F 00 FE 5F 00  AI.m.a.g.e...þ_.
```

① 이름 : ABC

② 확장자 : TXT

③ 파일 속성 : 0x20, 일반 파일

0x01	읽기 전용 파일
0x02	숨긴 파일
0x04	운영체제 시스템 파일
0x08	속성값 대신 디스크 볼륨 레이블을 포함한 엔트리 표시
0x10	서브 디렉터리를 가짐
0x20	일반 파일

④ Create Time : 40 48(리틀 엔디안 변환)〉 48 40 〉

　이진화(01001/000010/00000) = 9/2/0 = 9시 2분 0초

　　　　　　　* 5비트(hhhhh)/6비트(mmmmmm)/5비트(sssss)

⑤ Create Date : F0 52 (리틀 엔디안 변환) 〉 52 F0 〉

　이진화(0101001/0111/10000) = 2021(1980+41)/7/16

　　　　　　　* 7비트(yyyyyyy)/4비트(mmmm)/5비트(ddddd)

⑥ Last Accessed Date : F0 52로 Create Date와 같음

⑦ Last Written Time :

　2D 48(리틀 엔디안 변환)〉 48 2D 〉

이진화(01001/000001/01101) = 9/1/13 = 9시 1분 13초

⑧ Last Written Date : F0 52로 Create Date와 같음

⑨ File Size : 0x40 → 64byte

⑩ File Data 접근하기

클러스터 번호 = Starting Cluster High + Low = 17 00 = 23

File Data 위치 = (클러스터 번호 - 2) * 클러스터당 섹터 수

+ 클러스터2(Root Directory)

= (23 - 2) * 8 + 18,432 = 18,600섹터

- 긴 파일 이름 디렉터리 엔트리

8자 이내의 짧은 파일의 이름은 하나의 디렉터리 엔트리로 표현되지만
최대 255자리까지 이름이 가능하기 때문에 8자를 넘어가는 파일의 이름은
8자로 축약된 파일 이름의 디렉터리 엔트리구조가 생기고 위로 순차적으로
전체 파일 이름을 표시하는 엔트리가 생성됩니다.

	00	01	02	03	04	05	06	07	08	09	0A	0B	0C	0D	0E	0F	
0x00	Seq Num	FileName4									Attr	Reserved	Check sum	FileName5			마지막 LFN 구조
0x10	FileName5				End FileName 0xFFFFFFFF				First Cluster Low		End FileName 0xFFFFFFFF						
0x20	Seq Num	FileName1									Attr	Reserved	Check sum	FileName2			기본 LFN 구조
0x30	FileName2								First Cluster Low		FileName3						
0x40	FileName								Extention			Attr	Reserved		Create Time		SFN 구조
0x50	Created Date		Last Accessed Date		Starting Cluster Hi		Last Written Time		Last Written Date		Starting Cluster Low		File Size				

- 생성한 파일 찾아가기

FAT 파일시스템에서 파일이 생성되는지를 알아보기 위해 mydir이란 폴더를 만들고 그 안에 myfile.txt를 만들어 어떠한 형태로 찾아가야 하는지를 알아봅시다.

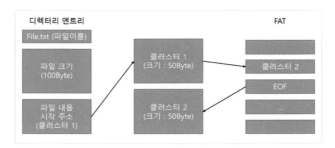

① 드라이브를 열고 MBR의 파티션 테이블로부터 원하는 파티션의 시작섹터를 얻습니다.

② 찾은 파티션의 섹터0의 VBR을 참고하여 FAT 위치, 데이터 영역 위치, 루트디렉터리 위치를 파악합니다.

③ 루트디렉터리에서 mydir 시작클러스터(Starting Cluster Hi + Starting Cluster Low)를 찾고, 시작 클러스터로 이동하여 myfile.txt의 시작클러스터

(Starting Cluster Hi + Starting Cluster Low)를 찾습니다.

④ FAT 영역의 myfile.txt의 시작클러스터를 찾아서 EOC가 나올 때까지 모든 연결된 클러스터를 찾습니다.

⑤ 찾는 연결된 클러스터를 복사하여 새 파일로 만들면 원하는 파일 전체 데이터를 얻을 수 있습니다.

- 파일 삭제 및 복구 과정

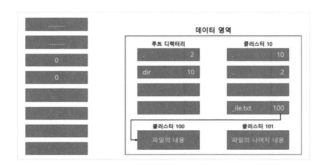

운영체제는 생성된 파일 찾아가기와 같은 과정으로 파일을 삭제합니다. 즉 디렉터리 엔트리에서

- 파일의 시작클러스터를 확인한 후 FAT 영역에서 연결된 모든 클러스터의 FAT 구조체 엔트리를 모두를 0x0000000으로 설정하여 할당 해제시킵니다. 그러고 나서 디렉터리 엔트리의 첫 바이트를 0xE5로 변경합니다. 실제 파일 내용이 삭제가 되진 않으나 이렇게 되면 탐색기로는 해당 파일에 접근이 불가능합니다.

- 위의 과정을 살펴보면 디렉터리 엔트리의 첫 바이트가 0xE5로 설정되고 연결된 FAT 엔트리가 0이 되는 것이 파일의 삭제입니다. 파일을

복구하기 위해서는 파일의 시작클러스터 및 연결클러스터를 알아야 합니다. 그러나 복구하려는 파일의 이름을 알면 디렉터리 엔트리 내에 첫 바이트가 0xE5로 바뀐 같은 이름을 찾음으로써 시작클러스터 및 파일 크기를 알 수 있게 되며 몇 개의 클러스터인지는 확인 가능하지만 정확한 연결된 클러스터는 알 수 없습니다. 따라서 아래와 같은 연속적인 클러스터 할당의 경우에는 복구가 가능하나 두 번째 그림 같은 비연속적인 클러스터 할당이 되거나 다른 내용으로 일부 덮어 쓰인 경우 복구가 어렵습니다.

연속적인 클러스터 할당

3	4	5	6	7	8	9

비연속적인 클러스터 할당

3	4	5	6	7	8	9

다른 내용으로 덮어 쓰인 경우

3	4	5	6	7	8	9

NTFS

• • • NTFS는 마이크로소프트에서 FAT의 한계를 개선하기 위한 새로운 시스템 New Technology File System으로서 개발되었으며, Windows 2000, 2003, 2008, XP, 95, 98등 윈도에서 표준파일시스템으로 사용되고 있으며 유닉스에서도 지원되고 있습니다. NTFS는 모든 데이터를 데이터 영역에 파일 형태로 관리하고 있습니다.

4.1. NTFS 대표적 특징

- **USN Journal**(Update Sequence Number Journal)

USN 저널은 NTFS의 메타데이터를 구성하는 파일로 NTFS 볼륨에 변경이 생길 때마다 저널파일에 변경을 기록합니다. 64비트에 USN(Update

Sequence Number), 파일 이름, 변경 등에 관한 정보가 기록됩니다.

- **ADS**(Alternate Data Stream)

FAT에서는 파일은 데이터 스트림 하나만 가집니다. 그러나 NTFS에서는 ADS는 부가적인 데이터 스트림이라는 뜻처럼 파일이 다중 데이터 스트림을 가질 수 있습니다. ADS는 NTFS의 특징으로 네트워크 등을 통해 다른 파일시스템으로 복사할 경우 원본 스트림만 복사됩니다.

- **Sparse 파일**

파일이 거의 0인 경우 실제 데이터를 저장하지 않고 크기만 가지고 있는 특성입니다. 크기만 가지고 실제 데이터는 저장하지 않아 저장장치의 효율이 높아집니다.

- **파일 압축**

NTFS에서는 시스템에서 파일 및 디렉터리를 선택하여 압축하여 저장할 수 있는 기능을 제공합니다.

- **VSS**(Volume Shadow Copy Service)

VSS는 Windows 2003부터 지원되며 디렉터리와 파일들의 백업본을 생성시키는 기능입니다. 비정상 종료 시에 부팅 과정에서 안전한 복구를 지원합니다.

- **유니코드 지원**

NTFS에 저장되는 스트림은 모두 유니코드를 지원하며 다국어 지원이 가능합니다.

- **동적 배드클러스터 재할당**

NTFS는 배드섹터가 생기면 자동적으로 다른 클러스터를 할당하고 데이터를 복사합니다. 그리고 배드섹터가 생긴 클러스터는 $BadClus에 기록되어 사용되지 않도록 합니다.

4.2. NTFS 구조

NTFS는 아래 그림처럼 VBR, MFT, 데이터 영역 세 부분으로 나눌 수 있습니다.

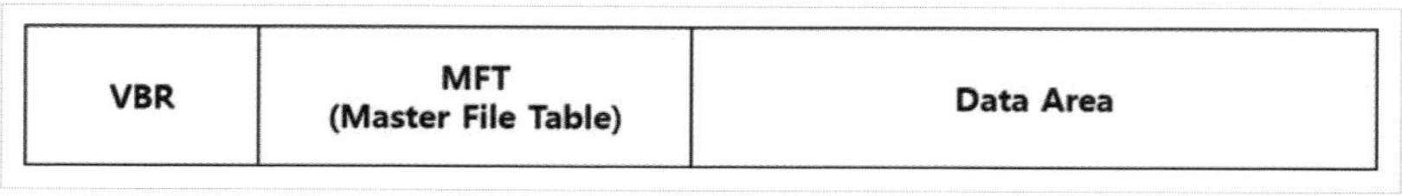

VBR	MFT (Master File Table)	Data Area

NTFS 구조

VBR(Volume Boot Record)은 NTFS구조 중 맨 앞부분에 존재하며 부트섹터 + 추가적인 VBR 영역으로 구성되어있습니다. 고정된 크기를 가지지 않고 클러스터 크기에 따라 512Byte(1Sector), 1KB(2Sector), 2KB(4Sector), 4KB(8Sector) 다른 크기를 가집니다.

MFT는 파일과 디렉터리의 모든 정보가 존재하며 파일과 디렉터리는 반드시 MFT테이블에 하나의 엔트리를 가지며 엔트리 크기는 1024byte입니다. 처음 포맷 시에는 일정 영역의 MFT공간이 할당되고 이 할당된 MFT공간을 모두 채워지면 데이터 영역에 추가 MFT공간이 할당하여 사용됩니다.

1) VBR(Volume Boot Record)

VBR의 첫 번째 섹터는 부트코드를 포함한 부트섹터가 저장되어있습니다. VBR 크기가 1섹터를 넘는 NTLDR(NT Loader)을 빠르게 로드하기 위해 NTLDR에 대한 정보가 저장됩니다.

해석상 중요한 부분은 Byte Per Sector, Sector Per Cluster, Start Cluster for $MFT, Total Sectors, Volume Serial Number 등입니다.

OEM ID는 er.NTFS로서 MFT를 해석해 클러스터로 점프하여 이 문구가 나오면 맞게 온 것을 알 수 있습니다.

위치	길이	이름	내용
0x00-0x02	3	Jump Boot Code	부트코드로 점프하라는 명령어
0x03-0x0A	8	OEM Name	OEM ID
0x0B-0x0C	2	Byte Per Sector	섹터당 바이트 수
0x0D	1	Sector Per Cluster	클러스터당 섹터 수
0x15	1	Media Descriptor	0xF8이면 고정식 디스크
0x28-0x2F	8	Total Sectors	해당 볼륨이 가지는 총 섹터 수
0x30-0x37	8	Start Cluster for $MFT	$MFT의 LBA주소(클러스터 단위)
0x38-0x3F	8	Start Cluster for $MFTMirr	$MFTMirr의 LBA주소(클러스터 단위)
0x40	1	Cluster Per MFT Entry	MFT Entry 크기
0x48-0x4F	8	Volume Serial Number	볼륨시리얼 번호

```
080100000  EB 52 90 4E 54 46 53 20 20 20 20 00 02 08 00 00   ëR.NTFS   .....     섹터 4,196,352
080100010  00 00 00 00 00 F8 00 00 3F 00 FF 00 00 08 40 00   .....ø..?.ÿ...@.
080100020  00 00 00 00 80 00 00 00 FF FF 3F 00 00 00 00 00   ....€...ÿÿ?.....
080100030  00 00 04 00 00 00 00 00 02 00 00 00 00 00 00 00   ...............
080100040  F6 00 00 00 01 00 00 00 EB ED C4 0A FC C4 0A 82   ö.......ëíÄ.üÄ..
080100050  00 00 00 00 FA 33 C0 8E D0 BC 00 7C FB 68 C0 07   ....ú3À.Ð¼.|ûhÀ.
080100060  1F 1E 68 66 00 CB 88 16 0E 00 66 81 3E 03 00 4E   ..hf.Ë...f.>..N
080100070  54 46 53 75 15 B4 41 BB AA 55 CD 13 72 0C 81 FB   TFSu.´A»ªUÍ.r..û
```

Byte Per Sector = 0x200 = 512Byte

Sector Per Cluster = 8

Total Sectors = FF FF 3F 00 00 00 00 00 = 3F FF FF(리틀 엔디안 → 빅 엔디안) → 4,194,303(10진수 변환)

Start of MFT = 00 00 04 00 00 00 00 00 = 262,144 (엔디안 변환, 10진수 변환)

MFT 위치 = (Start of MFT * 섹터당 클러스터 수) + Boot Record 위치

        = (262,144 * 8) + Boot Record 위치

Volume Serial Number = EB ED C4 0A FC C4 0A 82

2) MFT

MFT(Master File Table)은 NTFS의 핵심으로 파일 및 디렉터리의 변경 등 여러 정보가 기록되며 파일 레코드라고도 불립니다.

MFT 영역은 각각 1024바이트인 여러 개의 MFT 엔트리로 이루어져 있습니다. MFT 엔트리는 파일이나 디렉터리가 생성될 때마다 생성되어 생성된 파일이나 디렉터리를 관리하기 위한 메타데이터를 저장하고 있습니다. 따라서 숨긴 파일을 찾거나, 파일의 복사, 삭제 등을 알아보거나 타임라인 분석 등 디지털 포렌식 조사에 있어 중요합니다.

MFT 영역은 크기가 고정되어있는 상태가 아니며 일반적으로는 전체 볼륨의 대략 12.5%가 MFT 영역으로 할당되는 것으로 알려졌습니다. MFT

Entry 0번에서 23번은 파일시스템 생성 시 파일시스템 자체의 메타데이터를 관리하기 위해 예약된 엔트리입니다. MFT 엔트리 0번부터 3번까지 살펴보면 MFT 엔트리 0번은 $MFT 파일로 MFT 영역의 크기, 위치, 할당정보 등 MFT 영역 파일에 대한 MFT 엔트리입니다.

$MFTMirr는 $MFT의 일부 백업본으로 $MFT의 0-3번의 Entry를 복사 저장하고 있습니다. $MFT가 손상이 되었을 때 이 $MFTMirr를 사용하여 복구하는 목적입니다.

$LogFile은 파일의 생성, 변경, 삭제, 이름 변경 등 MFT Entry에 영향을 주는 사항을 기록해두어서 트랜잭션이 정상 완료되지 못하는 경우 시스템 재부팅 시 자동 복구에 도움을 줍니다.

아래 표에 MFT 엔트리의 간략한 기능에 대해 설명하였습니다.

Entry 번호	이름	설명
0	$MFT	MFT에 대한 MFT Entry
1	$MFTMirr	$MFT의 일부 백업본
2	$LogFile	메타데이터의 트랜잭션 저널 정보
3	$Volume	볼륨의 레이블, 식별자, 버전 등 정보
4	$AttrDef	속성의 식별자, 이름, 크기 등 정보
5	.(Root Directory)	디렉터리구조의 파일을 빠르게 접근하기 위해 Index구조로 저장
6	$Bitmap	볼륨 클러스터 할당정보
7	$Boot	부팅 가능한 볼륨인 경우 부트섹터 정보
8	$badclus	배드섹터를 가지는 클러스터 정보
9	$Secure	파일의 보안, 접근제어 관련 정보
10	$Upcase	모든 유니코드 문자의 대문자
11	$Extend	
12-15	사용 안 함	
16-23	사용 안 함	
–	$ObjID	파일의 고유 ID 정보저장
–	$Quota	사용량 정보저장
–	$Reparse points,	Reparse point에 대한 정보저장
–	$UsnJrnl ,	파일이나 디렉터리 변경사항에 대한 정보저장
24 이후	일반 파일	일반적인 파일이나 디렉터리 실제 저장 위치

- MFT구조

MFT 엔트리는 아래 그림과 같은 구조를 가집니다. MFT Entry Header/
Fixup Array/Attributes/End Marker/Unused Space로 구분되며 End Marker
이후는 MFT Entry에서 사용되지 않습니다. Attributes는 여러 개가 올 수
있으며 MFT 엔트리는 할당된 이후에 파일이 삭제되면 프리 리스트가 되고
이후 재사용될 수 있습니다. 만약 재사용 안 되는 경우 Free MFT 엔트리에
예전 파일 데이터가 존재할 수 있습니다.

VBR	MFT (Master File Table)	Data Area

- MFT 엔트리 헤더(MFT Entry Header)

MFT 엔트리 헤더는 모든 MFT 엔트리의 제일 첫 부분에 위치하며
크기는 42바이트입니다.

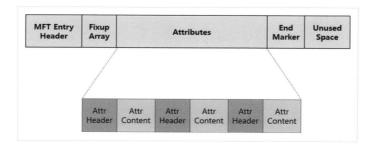

아래 그림은 MFT 엔트리 헤더의 데이터 구조입니다. MFT 엔트리의
시작은 "FILE"이라는 시그니처로 시작합니다.

	00	01	02	03	04	05	06	07	08	09	0A	0B	0C	0D	0E	0F
0x00	Signature : "F I L E"				Offset of fixup array		Number of entries in fixup array		$LogFile Sequence Number(LSN)							
0x10	Sequence Number		Link count		Offset of first attribute		Flags		Used size of MFT Entry				Allocated size of MFT Entry			
0x20	File reference to base record						Next attribute id		Align to 4B boundary		Number of this MFT Entry					

크기	위치	이름	내용
4	0x0-03	Signature	MFT 엔트리 Signature
2	0x04-05	Offset to fixup array	fixup array 시작 위치
2	0x06-07	Number of entries of fixup array	fixup array에 포함되는 항목 수
8	0x08-0F	$LogFile Sequence Number(LSN)	$LogFile에 존재하는 해당 파일의 트랜잭션 위칫값
2	0x10-11	Sequence Number	MFT 엔트리에 생성 후 할당/해제 시마다 1 증가
2	0x12-13	Hard Link Count	MFT 엔트리에 연결된 Hard Link
2	0x14-15	Offset to First Attribute	해당 MFT 엔트리 첫 번째 속성 위치
2	0x16-17	Flags	MFT entry 속성 0x00(사용하지 못함), 0x01(사용 중), 0x03(사용 중인 디렉터리), 0x02(사용하지 않는 디렉터리)
4	0x18-1B	Used size of MFT entry	실제 사용 중 크기
4	0x1C-1F	Allocated size of MFT entry	MFT에 할당된 크기
8	0x20-27	File Reference to base record	Base record 주소값
2	0x28-29	Next attribute ID	다음 속성 ID
2	0x2A-2B	Align to 4Byte boundary	예약 영역
4	0x2C-2F	Number of MFT Entry	MFT 엔트리 넘버

실제 예를 가지고 MFT 엔트리 헤더를 해석해보면 아래와 같습니다.

Offset(h)	00 01 02 03 04 05 06 07 08 09 0A 0B 0C 0D 0E 0F	Decoded text
40009C00	46 49 4C 45 30 00 03 00 32 C5 41 00 00 00 00 00	FILE0...2ÅA....
40009C10	01 00 01 00 38 00 01 00 40 01 00 00 00 04 00 00	....8...@.......
40009C20	00 00 00 00 00 00 00 00 03 00 00 00 27 00 00 00	............'...
40009C30	06 00 00 00 00 00 00 00 10 00 00 00 60 00 00 00	............`...

Signature : FILE이며 엔트리에 문제 있으면 BAAD의 시그니처를 갖습니다.

Offset to fixup array : fixup 배열의 시작 위치는 0x30이 됩니다.

Number of entries of fixup array : 3개임을 알 수 있습니다.

Sequence Number : 1로서 이 엔트리가 처음 사용되었음을 알 수 있습니다.

Hard Link Count : 파일은 같은 데이터를 가리키는 여러 개의 이름을 가질 수 있으나 여기서는 하드링크가 1로서 하나밖에 없음을 알 수 있습니다.

Offset to First Attribute : 속성 오프셋은 38이므로 38바이트 후 속성이 나타나고 MFT 헤더가 56바이트임을 알 수 있습니다.

Flags : 0x00 지워진 파일, 0x01 = 활성파일, 0x02 지워진 폴더, 0x03 활성폴더이므로 여기서 1로서 할당된 파일임을 보여줍니다.

File Reference to base record : 파일이 하나 이상의 레코드가 필요하면 1024byte에 들어갈 수 없고 추가 레코드가 필요합니다. 그 경우 base레코드 지정할 때 필요하나 여기서는 0이므로 추가 레코드 없음을 알 수 있습니다.

다음 속성 ID : 7이므로 속성 ID가 1에서 6에 있다는 것을 알 수 있습니다.

MFT Entry 넘버 : 0임을 알 수 있습니다. 즉 $MFT입니다.

- Fixup Array Values

Fixup Array는 MFT 엔트리의 신뢰성을 높이기 위해 도입된 것입니다. Fixup의 뜻은 '고치다'라는 뜻이며 이 말 그대로 MFT 엔트리의 데이터가 오류가 있으면 이를 찾아내기 위해 도입한 것입니다. MFT 엔트리는 2개의 섹터 1024바이트를 사용합니다. 1섹터의 끝 2바이트값을 Fixup Array값 2바이트에 기록하고 변경되기 전 1섹터 끝과 2섹터 끝을 그다음 바이트 기록하여 섹터의 내용이 비정상일 경우 오류를 찾아낼 수 있습니다.

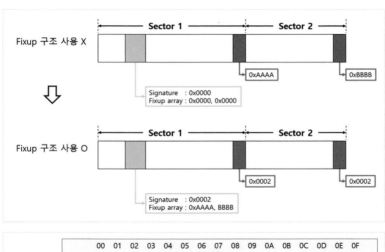

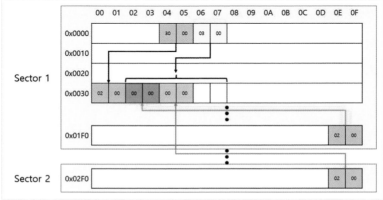

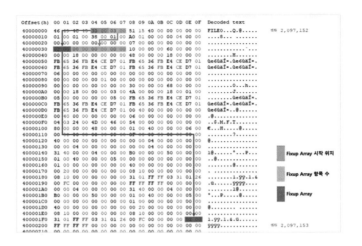

4.3. Attributes

  속성은 파일의 메타정보를 가지고 있으며 Attribute Header와 Attribute Content로 구성되어있습니다. 전체는 17개의 속성을 가지고 있으나 일반 파일은 $STANDARD_INFORMATION(0x10), $FILENAME(0x30), $DATA(0x80) 속성을 가집니다. 크기에 따라 Resident 속성과 Non-Resident 속성으로 나누어지며 $STANDARD_INFORMATION, $FILENAME 등 대부분 Resident 속성이고 $DATA 속성 중 680byte 이하면 Resident 속성이 되고 크기가 이보다 크면 Non-resident 속성이 됩니다.

속성 식별값	이름	설명
0x10	$STANDARD_INFORMATION	파일의 생성, 접근, 수정시간, 소유자 정보 등
0x20	$ATTRIBUTE_LIST	추가적 속성들에 대한 리스트
0x30	$FILE_NAME	파일 이름(유니코드), 생성, 접근. 수정시간 등
0x40	$VOLUME_VERSION	볼륨 정보
0x40	$OBJECT_ID	파일 및 디렉터리의 16바이트 고윳값
0x50	$SECURITY_DESCRIPTOR	파일의 접근제어와 보안 속성
0x60	$VOLUME_NAME	볼륨 이름
0x70	$VOLUME_INFORMATION	파일시스템 버전과 다양한 플래그 정보
0x80	$DATA	파일 내용
0x90	$INDEX_ROOT	인덱스 트리의 루트 노드 정보
0xA0	$INDEX_ALLOCATION	인덱스 트리의 루트와 연결된 하위 노드 정보
0xB0	$BITMAP	$MFT의 할당정보
0xC0	$SYMBOLIC_LINK	심볼릭 링크 정보
0xC0	$REPARSE_POINT	심볼릭 링크에서 사용하는 Reparse point 정보
0xD0	$EA_INFORMATION	OS/2 응용프로그램과 호환성을 위해 존재(HPFS)
0xE0	$EA	OS/2 응용프로그램과 호환성을 위해 존재(HPFS)
0xF0	$LOGGED_UTILITY_STREAM	암호화된 속성의 정보와 키값

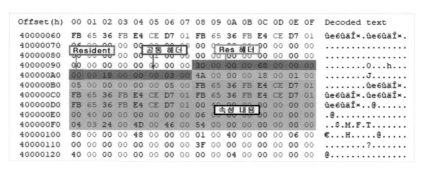

공통 속성헤더

속성헤더는 속성마다 서로 다른 형식을 가지지만 헤더 시작 부분
16바이트는 동일한 구조를 가집니다. 밑의 표는 공통 헤더의 구조입니다.

크기	위치	이름	내용
4	0x00-0x03	Attribute Type ID	Attribute 타입식별자
4	0x04-0x07	Length of Attribute	Attribute 길이
1	0x08	Non Resident Flag	1이면 Non-resident
1	0x09	Length of Name	Attribute 이름 길이
2	0x0A-0x0B	Offset to Name	Attribute 이름 시작 위치
2	0x0C-0x0D	Flag	상태 플래그 0x0001(읽기 전용), 0x4000(암호화), 0x8000(Sparse 속성)
2	0x0E-0x0F	Attribute ID	Attribute의 고유식별자로 MFT 엔트리에 같은 Attribute이 복수 개일 경우 다른 값을 가짐

Attribute Type ID : 0x10으로 $STANDARD_INFORMATION
속성입니다.

Length of Attribute : 0x60으로 공통 속성헤더를 포함한 속성 전체
길이이며 시작 부분이 0x38에서 공통 속성헤더가 시작하므로 0x98부터는
다른 속성이 나타납니다.

Non Resident Flag : 0이므로 Resident 속성입니다.

Length of name : 0이므로 속성 이름 길이가 0입니다.

Offset to name : 0x18이므로 공통속성 시작 위치(0x38) + 0x18인 0x50부터 바로 속성 내용이 시작됩니다.

Flags : 상태 플래그는 0. **Attribute ID** : 식별자 0입니다.

- Resident Header

크기	위치	이름	내용
4	0x10-0x13	Size of Content	Attribute Content 크기
2	0x14-0x15	Offset of Content	Attribute Content 시작 위치
1	0x16	Indexed Flag	1이면 Index 정보로 사용
1	0x17	Unused	
8	0x18-0x1F	Attribute Name	Attribute Name 있을 경우 존재하며 없는 경우 바로 Attribute Content 옴

4.5. $STANDARD_INFORMATION

모든 파일에 기본적으로 존재하는 기본적인 속성으로 시간 정보, 파일 특성, 소유자, 보안 ID 등을 표시하며 0x10이 Attribute Type을 나타냅니다.

	00	01	02	03	04	05	06	07	08	09	0A	0B	0C	0D	0E	0F
0x00									Attribute Type Identifier				Length of Attribute			
0x10	Non-resident Flag	Length of Name	Offset to Name		Flag		Attribute Identifier		Size of Content				Offset to Content		Index Flag	
0x20	Creation Time								Modified Time							
0x30	MFT Modified Time								Accessed Time							
0x40	File Attribute Flag				Maximum number of version				Version Number				Class ID			
0x50	Owner ID				Security ID				Quoto Charged							
0x60	Update Sequence															

크기	위치	이름	내용
8	0x00-0x07	Create Time	파일이 생성된 시간
8	0x08-0x0F	Modified Time	$DATA나 $INDEX 내용 마지막 수정시간
8	0x10-0x17	MFT modified Time	MFT 엔트리가 마지막으로 수정된 시간
8	0x18-0x1F	Last accessed Time	파일에 마지막으로 접근한 시간
4	0x20-0x23	Flag	파일속성
4	0x24-0x27	Maximm number of version	파일에서 최대호 허용한 버전값
4	0x28-0x2B	Version Number	파일의 버전 번호
4	0x2C-0x2F	Class ID	클래스 ID
4	0x30-0x33	Owner ID	소용자 ID($Quota에서 인덱스로 사용)
8	0x34-0x37	Security ID	$Secure에서 인덱스로 사용
8	0x38-0x3F	Quota Charged	사용자 할당량 중 해당 파일이 할당된 크기
8	0x40-0x47	Update Sequence	$UsnJrnl에서 사용하는 파일의 USN값

Flag	설명	Flag	설명
0X0001	읽기 전용	0X0002	숨긴 파일
0X0004	시스템	0X0020	Archive
0X0040	Device	0X0080	일반
0X0100	임시	0X0200	Sparse 파일
0X0400	Reparse Point	0X0800	압축
0X1000	오프라인	00X2000	인덱스 되지 않음
0X4000	암호화		

```
Offset(h)  00 01 02 03 04 05 06 07  08 09 0A 0B 0C 0D 0E 0F  Decoded text

0C0000030  02 00 00 00 00 00 00 00  10 00 00 00 60 00 00 00  ............`...
0C0000040  00 00 18 00 00 00 00 00  48 00 00 00 18 00 00 00  ........H.......
0C0000050  0E D5 7D 12 D5 D5 D7 01  0E D5 7D 12 D5 D5 D7 01  .Õ}.ÕÕ×..Õ}.ÕÕ×.
0C0000060  0E D5 7D 12 D5 D5 D7 01  0E D5 7D 12 D5 D5 D7 01  .Õ}.ÕÕ×..Õ}.ÕÕ×.
0C0000070  06 00 00 00 00 00 00 00  00 00 00 00 00 00 00 00  ................
0C0000080  00 00 00 00 00 01 00 00  00 00 00 00 00 00 00 00  ................
0C0000090  00 00 00 00 00 00 00 00  30 00 00 00 68 00 00 00  ........0...h...
0C00000A0  00 00 18 00 00 00 03 00  47 00 00 00 18 00 01 00  ........I
```

Resident 헤더

- Size of content : 0x48 헤더 뒤에 오는 속성 내용의 크기
- Offset to content : 0x18 속성 내용이 시작하는 곳의 위치
- Indexed flag : 0
- Attribute Name : 속성 이름이 없음

$Standard_Information 헤더

생성, 수정, MFT 수정, 접근시간 : 0x01 D7 D5 D5 12 7D D5 0E

(2021년 11월 10일 10시 48분 34초, UTC +9)

- Flag : 0x0006(숨긴 파일 + 시스템 파일)
- Maximum number of version : 0x00000000 (사용 X)
- Version number : 0x00000000 (사용 X)
- Class ID : 0x00000000 (사용 X)
- Owner ID : 0x00000000 (사용 X)
- Security ID : 0x00000100
- Quota Charged : 0x00000000 00000000
- USN : 0x00000000 00000000

모든 파일에 기본적으로 존재하는 기본적인 속성으로 파일 이름을 저장하기 위해 사용되며 0x30이 Attribute Type을 나타냅니다. 그 외 다양한 부가 정보들이 저장되며 NTFS에서 빠른 탐색을 위해 만들어둔 인덱스구조인 $I30에도 저장되며 이름의 크기가 가변적이어서 68바이트 이상의 크기를 가집니다. $STANDARD_INFORMATION 4개의 시간 정보가 있으나 $FILE_NAME에도 4개의 시간 정보가 존재합니다.

	00	01	02	03	04	05	06	07	08	09	0A	0B	0C	0D	0E	0F
0x00									Attribute Type Identifier				Length of Attribute			
0x10	Non-resident Flag	Length of Name	Offset to Name		Flag		Attribute Identifier		Size of Content				Offset to Content		Index Flag	
0x20	File Reference of parent directory								Creation Time							
0x30	Modified Time								MFT Modified Time							
0x40	Accessed Time								Allocated size of file							
0x50	Real size of file								File Attribute Flag				Reparse Value			
0x60	Length of File Name	Name Space	Name (가변적 길이)													

크기	위치	이름	내용
8	0x00-0x07	File Reference of parent directory	부모 디렉터리 파일 참조주소
8	0x08-0x0F	Creation Time	생성시간
8	0x10-0x17	Modified Time	수정시간
8	0x18-0x1F	MFT Modified Time	MFT 레코드 업데이트 시간
8	0x20-0x27	Last accessed Time	접근시간
8	0x28-0x2F	Allocated size of file	해당 파일이 할당된 클러스터 크기
8	0x30-0x37	Real size of file	해당 파일 실제 크기
4	0x38-0x3B	Flags	파일속성 $STANDARD_INFORMATION 파일속성과 거의 같음. 아래 속성 추가됨. 0x10000000　　디렉터리 0x20000000　　인덱스 뷰
4	0x3C-0x3F	Reparse value	해당 속성의 Reparse point
1	0x40	Length of name	이름 길이
1	0x41	Namespace	이름 표현 방식 0(POSIX) 1(WIN32) 2(DOS 3) 3(WIN32 & DOS)
-	0x42-	Name	유니코드(UTF-16)로 인코딩된 이름

$FILE_NAME

```
0C0100070  06 00 00 00 00 00 00 00 00 00 00 00 00 00 00 00   ................
0C0100080  00 00 00 00 00 00 01 00 00 00 00 00 00 00 00 00   ................
0C0100090  00 00 00 00 00 00 00 00 30 00 00 00 68 00 00 00   ........0...h...
0C01000A0  00 00 18 00 00 00 03 00 4A 00 00 00 18 00 01 00   ........J.......
0C01000B0  05 00 00 00 00 00 05 00 22 8F B5 C4 91 7F D7 01   ........".µÄ`.×.
0C01000C0  22 8F B5 C4 91 7F D7 01 22 8F B5 C4 91 7F D7 01   ".µÄ`.×.".µÄ`.×.
0C01000D0  22 8F B5 C4 91 7F D7 01 00 40 00 00 00 00 00 00   ".µÄ`.×..@......
0C01000E0  00 40 00 00 00 00 00 00 06 00 00 00 00 00 00 00   .@..............
0C01000F0  04 03 24 00 4D 00 46 00 54 00 00 00 00 00 00 00   ..$.M.F.T.......
0C0100100  80 00 00 00 48 00 00 00 01 00 40 00 00 00 06 00   €...H.....@.....
0C0100110  00 00 00 00 00 00 00 00 3F 00 00 00 00 00 00 00   ........?.......
```

- **File Reference address parent directory** : 0x0005 MFT 엔트리 번호가 5이기 때문에 루트디렉터리의 MFT 엔트리
- **생성, 수정, MFT 수정, 접근시간** : 0x22 8F B5 C4 91 7F D7 01
  (2021-07-23 07:10:07.7937442, UTC +9)
- **Allocated size of file** : 0x0400(클러스터 개수) * 4096 = 4,194,304byte
- **Real size of file** : 파일의 실제 크기가 위와 같음
- **Flags** : 0x0006(숨긴 파일 + 시스템 파일)
- **Reparse value** : 0x00000000
- **Lenght of Name** : 4
- **Namespace** : 3 이름 표현 형식(Win32&Dos)
- **File Name** : $MFT 유니코드(UTF-16)형식이므로 3글자이기 때문에 6byte

4.7. $DATA

모든 파일에 기본적으로 존재하는 기본적인 속성으로 파일 데이터를 저장하기 위한 Attribute로 0x80이 Attribute Type을 나타냅니다. 전술한 바와 같이 보통 MFT 엔트리는 $STANDARD_INFORMATION, $FILE_NAME, $DATA 3개의 속성을 가지고 있습니다. $STANDARD_INFORMATION, $FILE_NAME와는 다르게 680byte를 넘는 대부분의 파일은 Non-Resident 속성이며 Cluster Run구조로 데이터를 가지고 있습니다. 680byte 이하의 내용을 갖는 파일은 Resident 속성으로 MFT 엔트리 내부에 데이터를

저장합니다.

– Non-Resident Header

크기	위치	이름	내용
8	0x10–0x17	Start VCN of Runlist	Runlist의 시작 VCN
8	0x18–0x17	End VCN of Runlist	Runlist의 끝 VCN VCN(Virtual Cluster Number)은 파일의 첫 번째 클러스터부터 순차적으로 부여한 번호
2	0x20–0x21	Offset of Runlist	Runlist의 시작 위치
2	0x22–0x23	Compression unit size	압축 단위 크기
4	0x24–0x27	Unused	
8	0x28–0x2F	Allocated Size of attribute content	Attribute Content 할당된 클러스터 크기
8	0x30–0x37	Real size of attribute contend	Attribute Content 실제 클러스터 크기
8	0x38–0x3f	Initialized size of attribute content	Attribute Content 초기화된 클러스터 크기
8	0x40–0x47	Attribute name	Attribute Name 있을 경우 존재하며 없는 경우 바로 Attribute Content 옴

$DATA (Non-Resident)

```
0C010B4F0   0B 00 6F 00 76 00 65 00 72 00 38 00 30 00 30 00   ..o.v.e.r.8.0.0.
0C010B500   2E 00 74 00 78 00 74 00 80 00 00 00 48 00 00 00   ..t.x.t.€...H...
0C010B510   01 00 00 00 00 00 01 00 00 00 00 00 00 00 00 00   ................
0C010B520   02 00 00 00 00 00 00 00 40 00 00 00 00 00 00 00   ........@.......
0C010B530   00 30 00 00 00 00 00 00 9B 28 00 00 00 00 00 00   .0......>(......
0C010B540   9B 28 00 00 00 00 00 00 31 03 00 C8 04 00 00 00   >(......1..È....
0C010B550   FF FF FF FF 82 79 47 11 00 00 00 00 00 00 00 00   ÿÿÿÿ‚yG.........
0C010B560   00 00 00 00 00 00 00 00 00 00 00 00 00 00 00 00   ................
```

```
Offset(h)   00 [공통 헤더] 04 05 06 [Non Res] 0A 0B 0C 0D 0E 0F   Decoded text
00E37000F0   04 03 24 00 4D 00 46 00 54 00 00 00 00 00 00 00   ..$.M.F.T.......
00E3700100   80 00 00 00 88 00 00 00 01 00 40 00 00 00 0C 00   €...ˆ.....@.....
00E3700110   00 00 00 00 00 00 00 00 7F B3 07 00 00 00 00 00   .........³......
00E3700120   40 00 00 00 00 00 00 00 38 7B 00 00 00 00 00 00   @.......8{......
00E3700130   38 00 38 7B 00 00 00 38 00 38 7B 00 00 00 00 00   ..8{...8{....
00E3700140   38 20 C8 00 00 00 00 0C 48 0C C8 00 D5 96 90 00 42   3 È....C.È.Õ–..B
00E3700150   94 74 AF B2 23 01 43 11 E8 00 C8 11 F8 00 33 07   "y”‡#.C.è.È.ø.3.
00E3700160   9C 00 2D 0B 5A 33 66 BD 00 05 D3 95 33 9A 43 02   œ.-.Z3f½..Ó–3šC.
00E3700170   48 20 43 43 68 B5 00 5A 5C 22 FF 42 3D 6F 10 30   H CChµ.Z\"ÿB=o.0
00E3700180   A7 00 00 00 00 00 00 00 B0 00 00 00 48 00 00 00   §.......°...H...
00E3700190   01 00 40 00 00 00 0B 00 00 00 00 00 00 00 00 00   ..@.............
00E37001A0   3D 00 00 00 00 00 00 00 40 00 00 00 00 00 00 00   =.......@.......
```

```
Offset(h)   00 01 02 03 04 05 06 07 08 09 0A 0B 0C 0D 0E 0F   Decoded text
              [공통 헤더]         [Non Res]
000C00000F0   04 03 24 00 4D 00 46 00 54 00 00 00 00 00 00 00   ..$.M.F.T.......
000C0000100   80 00 00 00 50 00 00 00 01 00 40 00 00 00 06 00   €...P.....@.....
000C0000110   00 00 00 00 00 00 00 00 7F FE 00 00 00 00 00 00   .........þ......
000C0000120   40 00 00 00 00 00 00 00 E8 0F 00 00 00 00 00 00   @.......è......
000C0000130   00 00 E8 0F 00 00 00 00 E8 0F 00 00 00 00 00 00   ..è.....è......
000C0000140   38 20 C8 00 00 00 00 0C 48 60 36 56 53 00 04 00 00   3 È....B`6VS....
000C0000150   B0 00 00 00 48 00 00 00 01 00 40 00 00 00 05 00   °...H.....@.....
000C0000160   00 00 00 00 00 00 00 00 08 00 00 00 00 00 00 00   ................
```

공통 헤더 중 **Non Residend Flag** : 1이므로 Non Resident Flag 속성

Start VCN of the runlist : 0

End VCN of the runlist : 0xFE7F임 Start VCN이 0에서 시작하므로 크기는 0xFE80(0xFE7F+1)이 되고 클러스터 크기(4096)를 곱하며 0xFE80000이 됨, 할당클러스터 크기와 동일합니다.

Offset to runlist : 속성 내부의 런 리스트 시작 위치는 0x0040

Compression unit size : 압축 속성이 아니기 때문에 압축 단위 크기는 0이 됩니다.

Allocated size of attribute content : 속성 내용 할당클러스터 크기
0xFE80000

Real size of attribute content : 속성 내용의 실제 크기 0xFE80000

Initialized size of attribute content : 속성 내용의 초기 크기 0xFE80000

Attribute name : 속성 이름 없음

첫 번째 클러스터 런 : 33 20 C8 00 00 00 0C

런 길이(3-byte) : 0x00 C8 20

런 오프셋(3-byte) : 0x0C 00 00

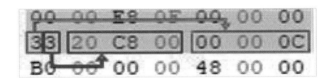

Run Offset : 0xC820 = 51,232(클러스터 단위)

해당 데이터 위치 : VBR 섹터 + (Run Offset * 클러스터당 섹터 수)

　　　　　　　 = 4,196,352 + (51,232 * 8)

　　　　　　　 = 6,703,104

　두 번째 클러스터 런은 첫 바이트가 42이므로 이는 오프셋 0x4005356
클러스터부터 0x3660(13,920)개의 클러스터가 할당되어있음을 나타냅니다.

　* 수정 : 첫 번째 클러스터 위치인 C0000클러스터는 해당 오프셋
0xC0000000이 맞지만, 두 번째 클러스터 런인 0x3660는 0x4005356이 아닌

여기에 앞의 클러스터 값을 더해주어야 합니다. 따라서 +0xC820을 해야 합니다.

이렇게 총 2개의 클러스터 런이 형성되어있는 것을 확인할 수가 있으며 각 클러스터 런의 길이를 모두 더해봅시다. 그러면 0xFE80이 나오며 이는 10진수로 65,152개의 클러스터가 형성되어있다는 것입니다. 여기서 하나의 클러스터는 크기가 4KB이므로 4를 곱해주면 260,608이 됩니다. 이를 이제 1024로 나누어주면 254MB가 되며 이는 현재 $MFT 파일의 크기와 같음을 알 수가 있습니다.

4.8. $BITMAP

MFT 엔트리 6번은 $BITMAP이며 MFT 엔트리 할당상태를 관리합니다. 바이트가 아닌 비트가 MFT 엔트리 할당상태를 가리킵니다. MFT 엔트리가 할당되면 비트가 1로 설정되며 비트가 0으로 설정되면 할당이 되지 않은 상태를 나타냅니다.

$BITMAP을 헥사 에디터로 살펴보면 아래와 같습니다. MFT 엔트리 0번은 $MFT이며 1번은 $MFTMirr 이런 식으로 0-15번까지는 할당되었으며 16-23번은 예약 MFT 엔트리이고 24번부터 일반 파일임을 압니다. 실제로 MFT Analyzer로 MFT 엔트리를 살펴보면 58번 MFT 엔트리까지 할당되었음을 알 수 있습니다. 그러므로 이를 2진수로 바꾸어보면 할당상태를 알 수 있습니다.

$58/8 = 7$(byte) $58 - 8 * 7 = 2$(offset)

그러므로 할당 여부에 8byte가 쓰임을 알 수 있고 아래와 같이 0x07번까지 쓰여 있는 것을 확인 가능합니다.

Offset(h)	00 01 02 03 04 05 06 07 08 09 0A 0B 0C 0D 0E 0F	Decoded text
080125000	FF FF 00 FF FF FF FF 07 00 00 00 00 00 00 00 00	ÿÿ.ÿÿÿÿ........
080125010	00 00 00 00 00 00 00 00 00 00 00 00 00 00 00 00	....
080125020	00 00 00 00 00 00 00 00 00 00 00 00 00 00 00 00	....
080125030	00 00 00 00 00 00 00 00 00 00 00 00 00 00 00 00	....
080125040	00 00 00 00 00 00 00 00 00 00 00 00 00 00 00 00	....

섹터 4,196,648

$BITMAP 헥사 데이터

63	54 Good	Active	File	2	5	5 /231.txt
64	55 Good	Active	File	2	5	5 /231 - 복사본.txt
65	56 Good	Active	File	2	5	5 /231 - 복사본 (2).txt
66	57 Good	Active	File	1	5	5 /231 - 복사본 (3).txt
67	58 Good	Active	File	1	5	5 /231 - 복사본 (4).txt
68	0 Zero	Inactive	File	0 Corrupt	Corrupt	Corrupt MFT Record
69	0 Zero	Inactive	File	0 Corrupt	Corrupt	Corrupt MFT Record
70	0 Zero	Inactive	File	0 Corrupt	Corrupt	Corrupt MFT Record

MFT Analyzer 사용 후 나온 모습

2진수로 바꾸어서 계산하여보면 MFT Analyzer 사용결과와 같이 58번까지 MFT Entry 할당되었음을 알 수 있습니다.

MFT Entry 사용 현황 파악 :

FF FF 00 FF FF FF FF 07 〉 2진수 변환(빅 엔디안 방식)

〉 11111111 11111111 00000000 11111111 11111111 11111111 11111111 00000111

11111111	0~7번 MFT Entry 사용 중
11111111	8~15번 MFT Entry 사용 중
00000000	16~23번 MFT Entry 사용 안 함
11111111	24~31번 MFT Entry 사용 중
11111111	32~39번 MFT Entry 사용 중
11111111	40~47번 MFT Entry 사용 중
11111111	48~55번 MFT Entry 사용 중
00000111	56, 57, 58번 MFT Entry 사용 중

4.9. $LogFile

$LogFile은 MFT 엔트리 2이고 파일/디렉터리의 생성, 삭제, 이름 변경 등과 같은 작업을 레코드에 저장하고 있습니다. 시스템이 비정상 작동하는 경우 롤백을 할 수 있게 하는 용도로 사용됩니다. 작업레코드는 LSN(Logfile sequence number)에 순차적으로 증가하는 숫자를 저장하며 이것으로 레코드들의 순서를 구분합니다. 기본적으로 $LogFile은 약 65MB의 사이즈를 가지는데 이는 하루에 8시간 정도 사용할 경우 약 2~3시간가량의 로그가 기록될 수 있는 양입니다. chkdsk /L 명령으로 로그파일 사이즈 확인 가능하며 chkdsk /L:파일크기(KB) 명령으로 $LogFile 크기를 변경할

수 있습니다. $LogFile은 변경된 정보(Redo)와 변경 직전(Undo)의 정보를 모두 가지고 있고 레코드 안에 기록되어있습니다. 이러한 레코드들 여러 개가 모여 하나의 트랜잭션을 구성하고 시스템은 모든 작업을 트랜잭션 단위로 관리하는 데 문제가 생긴다면 트랜잭션 단위 내 레코드 안의 Undo 정보를 이용한 원 상태로 돌릴 수 있게 됩니다.

- $LogFile의 전체적인 구조

$LogFile은 재시작 영역(Restart Area)과 로깅 영역(Logging Area) 두 부분으로 구성되어있습니다. 로깅 영역은 두 페이지로 되어있으며 한 페이지는 4KB입니다. 두 번째 페이지는 첫 페이지의 복사본입니다. 마지막 작업레코드의 정보를 저장하고 있습니다.

NTFS는 디스크 복구를 위해 5초마다 주기적으로 체크포인트 레코드를 저장합니다. 이것을 이용하여 디스크에 오류가 발생하는 즉시 오류 복구를 어디서 시작해야 하는지 알 수 있습니다. 체크포인트 레코드를 페이지에 기록하고 나서 시작 영역에 LSN 번호를 기록하여 어디서부터 복구해야 하는지 알 수 있습니다.[46,47]

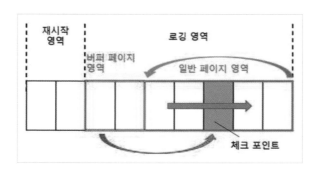

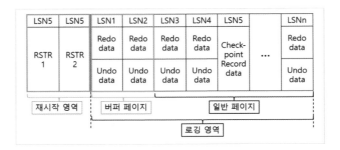

LSN5	LSN5	LSN1	LSN2	LSN3	LSN4	LSN5		LSNn
RSTR 1	RSTR 2	Redo data	Redo data	Redo data	Redo data	Check-point Record data	...	Redo data
		Undo data	Undo data	Undo data	Undo data			Undo data

재시작 영역   버퍼 페이지   일반 페이지

로깅 영역

– $LogFile 재시작 영역의 페이지 헤더

```
Offset(h)  00 01 02 03 04 05 06 07 08 09 0A 0B 0C 0D 0E 0F  Decoded text
0BE9B8000  52 53 54 52 1E 00 09 00 00 00 00 00 00 00 00 00  RSTR........
0BE9B8010  00 10 00 00 00 10 00 00 30 00 01 00 01 00 06 00  ........0......
0BE9B8020  00 00 00 00 00 00 00 00 00 00 00 00 00 00 00 00  ..............
0BE9B8030  0E 1D 82 00 00 00 00 00 01 00 FF FF 00 00 00 00  ..,.......ÿÿ....
0BE9B8040  2A 00 00 00 E0 00 40 00 00 40 5D 01 00 00 00 00  *...à.@..@].....
```

00	01	02	03	04	05	06	07	08	09	0A	0B	0C	0D	0E	0F
Magic Number "RSTR"				Update Sequence Offset		Update Sequence Count		Check Disk LSN							
System Page Size				Log Page Size				Restart Offset		Minor Version		Major Version			
Update Sequence Array															
Current LSN								Log Client		Client List		Flags			

Magic Number : "RSTR"

Current LSN : 마지막 작업레코드의 LSN 정보를 가지고 있습니다.

- $LogFile 일반 영역

로깅 영역은 다시 버퍼페이지 영역과 일반페이지 영역으로 나눌 수 있습니다.

버퍼페이지도 두 페이지로 구성되어있으며 두 번째 페이지는 첫 번째 페이지의 복사본입니다. 버퍼페이지는 마지막 작업레코드의 정보를 기록하고 있고 일반 영역에 순차적으로 기록하고 용량이 다 차면 로깅 영역의 첫 위치로 다시 순환하면서 덮어쓰기를 합니다.

모든 페이지는 헤더 하나와 여러 개의 작업레코드들로 구성되어있습니다.

- $LogFile 일반 영역의 페이지 헤더

```
Offset(h)  00 01 02 03 04 05 06 07 08 09 0A 0B 0C 0D 0E 0F  Decoded text
0BE9BA000  52 43 52 44 28 00 09 00 00 E0 10 00 00 00 00 00  RCRD(....à......
0BE9BA010  01 00 00 00 01 00 01 00 10 09 00 00 00 00 00 00  ................
0BE9BA020  0E 1D 82 00 00 00 00 00 60 B9 00 00 00 00 00 00  ..,.....`¹......
0BE9BA030  00 00 00 00 00 00 00 00 00 00 00 00 00 00 00 00  ................
0BE9BA040  08 1C 82 00 00 00 00 00 EF 1B 82 00 00 00 00 00  ..,.....ï.,.....
```

	00 01 02 03	04 05	06 07	08 09 0A 0B 0C 0D 0E 0F
0x00	"RCRD" (Magic Number)	Update Sequence Orrset	Update Sequence Count	Last LSN or File Offset
0x10	Flags	Page Count	Page Position	Next Record Offset / Word Align / Dword Align
0x20	Last End LSN			
0x30	Update Sequence Array			

Magic Number : "RCRD"

Last LSN : the highest LSN among the records including the record of crossed the page.

Next Record Offset ： the offset of record having the highest LSN in page.

Last End LSN ： the highest LSN among the records except record that crossed the page.

- $LogFile 작업레코드 구조

로그 레코드들은 업데이트 레코드, 체크포인트 레코드로 구분되며 업데이트 레코드에는 Redo와 Undo 두 종류가 있습니다. Redo 정보는 커밋이 완료되었지만 아직 캐시에서 디스크에 써지기 전에 시스템 오류가 발생한 경우에 트랜잭션을 다시 적용하기 위해 사용되는 정보이며 Undo 정보는 커밋이 완료가 되지 않은 상태에서 시스템 오류가 발생하였을 때 이미 수행한 트랜잭션 부분들을 역으로 되돌리는 정보가 있습니다.

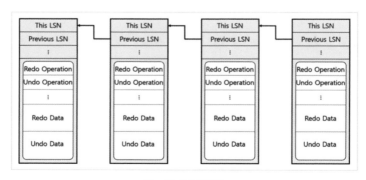

$LogFile 레코드 연결

- $LogFile 페이지 작업레코드 헤더

	00	01	02	03	04	05	06	07	08	09	0A	0B	0C	0D	0E	0F
0x00	This LSN								Previous LSN							
0x10	Client Undo LSN								Client Data Length				Client ID			
0x20	Record Type				Transaction ID				Flags		Alignment or Reserved					
0x30	Redo OP		Undo OP		Redo Offset		Redo Length		Undo Offset		Undo Length		Target Attribute		LSNs to Follows	
0x40	Record Offset	Attr Offset	MFT Cluster Index		Alignment of Reserved		Target VCN				Alignment or Reserved					
0x50	Target VCN				Alignment or Reserved											

This LSN : 현재 작업레코드 LSN

Previous LSN : 이전 작업레코드 LSN

Client Undo LSN : 복구 시 다음 Undo 작업의 LSN을 가지고 있는 레코드

Client Data Length : 레코드 크기(Redo Op 필드부터 레코드 끝)

Record Type : 0x02 (Check포인트 Record), 0x01(그 외 레코드)

Flags : 0x01(레코드가 현재 페이지 넘어감), 0x00(넘어가지 않음)

Redo Op : Redo 작업코드

Undo Op : Undo 작업코드

Redo Offset : Redo 오프셋

Redo Length : Redo 데이터 크기

Undo Offset : Undo 오프셋

Undo Length : Undo 데이터 크기

MFT Cluster Index : MFT 내 Redo/Undo data 있는 클러스터

Target VCN : Redo/Undo된 데이터의 $MFT의 VCN(Virtual Cluster Number)

Target LCN : Redo/Undo된 데이터의 LCN(Logical Cluster Number)

NTFS Operation	Hex Value
Noop	0x00
CompensationlogRecord	0x01
InitializeFileRecordSegment	0x02
DeallocateFileRecordSegment	0x03
WriteEndofFileRecordSegment	0x04
CreateAttribute	0x05
DeleteAttribute	0x06
UpdateResidentValue	0x07
UpdateNonResidentValue	0x08
UpdateMappingParis	0x09
DeleteDirtyClusters	0x0A
SetNewAttributeSizes	0x0B

Redo/Undo Operation Code

$UsnJrnl

III

디스크 포렌식

NTFS 파일시스템에서 발생하는 모든 파일 및 디렉터리의 변경사항을 기록해놓은 로그이며 $UsnJrnl 파일명 안에 2개의 스트림($J, $Max)으로 나누어 저장되어있습니다.

$J는 변경로그를 저장하고 있으며 $Max는 변경로그의 기본 메타데이터로 32byte입니다.

Windows 7부터 활성화가 되어 있으나 비활성화되어 있을 경우 fsutil 명령어로 활성화시킬 수도 있으며 이 명령어로 $UsnJrnl 크기를 변경할 수 있습니다.

fsutil usn createjournal m=1000 a=100 i:

fsutil usn [createjournal] m=〈MaxSize〉 a=〈AllocationDelta〉 〈VolumePath〉

$UsnJrnl 파일은 처음에는 비어있는 파일로 생성되며 볼륨에 변경사항이 생길 때마다 레코드에 변경을 기록합니다. $UsnJrnl 파일은 보통 34MB를

최대 로그 사이즈를 가지며 하루 8시간 사용하는 경우 4~5일 정도의 로그가 존재합니다.

5.1. $MAX 속성

$Max 속성은 로그데이터 최대 크기, $UsnJrnl 파일 생성시간, 현재 저장된 레코드의 가장 작은 USN값을 저장하고 있으며 이 값을 이용하여 $J 속성의 첫 번째 레코드로 이동할 수 있습니다.

Offset	Size	Stored Information	Detail
0x00	8	Maximum Size	로그데이터의 최대 크기
0x08	8	Allocation Size	새로운 데이터가 저장될 때 할당되는 영역의 크기
0x10	8	USN ID	$UsnJrnl 파일의 생성시각(FILETIME)
0x18	8	Lowest Valid USN	현재 저장된 레코드 중 가장 작은 USN값 이를 통해 $J 속성 내 첫 번째 레코드로 바로 이동 가능

5.2. $J 속성

$J 속성은 로그 레코드들이 연속적으로 가지고 있습니다. 밑의 그림처럼 속성의 앞부분은 0인 "Sparse Area"를 가지고 있습니다. $J 속성은 새로운 로그 레코드들이 추가될 때마다 속성 끝에 기록합니다.

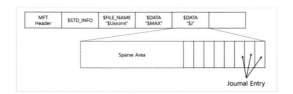

여기서 $J의 각 레코드들은 USN(Updata Sequence Number) 정보를 가지며, 이러한 USN 정보를 통해 각 레코드들의 순서를 구분합니다. 실제 USN값은 $J 속성 내에서의 레코드의 Offset값을 가지고 있으며, USN값은 MFT 엔트리의 $STANDARD_INFORMATION 속성에도 저장되어있습니다. UsnJrnl은 MFT 엔트리의 10번째인 $Extend 디렉터리 안에 존재하고 있습니다.[48,49,50]

Offset	Size	Stored Information	Detail
0x00	4	Size of Record	레코드 크기
0x04	2	Major Version	2(현재 일반적으로 사용되는 Change Journal Software의 버전은 2.0)
0x06	2	Minor Version	0(현재 일반적으로 사용되는 Change Journal Software의 버전은 2.0)
0x08	8	MFT Reference Number	현재 변경 이벤트가 적용되는 파일 혹은 디렉터리의 MFT Reference Number
0x10	8	Parent MFT Reference Number	현재 변경 이벤트가 적용되는 파일 혹은 디렉터리와 부모 디렉터리의 MFT Reference Number $MFT 정보와 조합하여 전체 경로 획득 가능
0x18	8	USN	Update Sequence Number
0x20	8	TimeStamp(FILETIME)	이벤트가 발생한 시각(UTC +0)
0x28	4	Reason Flag	변경 이벤트 정보 플래그
0x2C	4	Source Information	변경 이벤트를 발생시킨 주체에 대한 정보
0x30	4	Security ID	보안 ID
0x34	4	File Attributes	변경 이벤트의 대상이 되는 객체에 대한 정보 일반적으로 대상이 파일인지 디렉터리인지 구분
0x38	2	Size of Filename	객체 이름 정보의 크기
0x3A	2	Offset to Filename	객체 이름 정보의 레코드 내 위치
0x3C	N	Filename	현재 변경 이벤트가 적용되는 객체 (파일 혹은 디렉터리)의 이름

디지털 포렌식 관점에서 보면 데이터 복구가 필요하면 $LogFile을 이용하여야 하고 전반적인 이벤트 변경 정보가 필요하면 $UsnJrnl 파일을 이용하여야 합니다. 밑의 표는 두 파일 비교표입니다.

구분	$UsnJrnl	$LogFile
기록 정보	파일/디렉터리 변경 원인 정보 기록	파일/디렉터리 변경 이전/이후 상태 정보의 기록
데이터 복구 가능 여부	불가능	가능
위치(Default)	운영체제 볼륨에만 존재	모든 볼륨에 존재
논리적 파일 크기	계속 증가	고정
비할당 영역	이전 레코드 기록 존재	이전 레코드 기록 없음
파일에 할당된 클러스터 수	(Maximum size + allocation delta)/Cluster 크기 내에서 가변적	불변

$UsnJrnl 파일과 $LogFile 비교

CHAPTER 6

$MFT와 $LogFile, $UsnJrnl 간 상관관계

6.1. $MFT

6.2. $LogFile

6.3. $UsnJrnl

6.1. $MFT

Offset(h)	00	01	02	03	04	05	06	07	08	09	0A	0B	0C	0D	0E	0F	Decoded text
0C001B400	46	49	4C	45	30	00	03	00	A3	33	C0	00	00	00	00	00	FILE0...£3À.....
0C001B410	01	00	01	00	38	00	01	00	50	01	00	00	00	04	00	00	....8...P......
0C001B420	00	00	00	00	00	00	00	00	03	00	00	00	6D	00	00	00	............m...
0C001B430	02	00	00	00	00	00	00	00	10	00	00	00	60	00	00	00	............`...
0C001B440	00	00	00	00	00	00	00	00	48	00	00	00	18	00	00	00	........H......
0C001B450	67	47	0D	59	FA	D9	D7	01	14	AD	BF	CD	05	46	D7	01	gG.YúÛ×...¿Î.F×.
0C001B460	E5	CD	18	D9	05	46	D7	01	5E	6E	0D	59	FA	D9	D7	01	åÍ.Û.F×.^n.YúÛ×.
0C001B470	20	00	00	00	00	00	00	00	00	00	00	00	00	00	00	00	....
0C001B480	00	00	00	00	07	01	00	00	00	00	00	00	00	00	00	00	....
0C001B490	C0	06	00	00	00	00	00	00	30	00	00	00	68	00	00	00	À.......0...h...
0C001B4A0	00	00	00	00	00	00	02	00	4E	00	00	00	18	00	01	00	........N......
0C001B4B0	05	00	00	00	00	00	05	00	67	47	0D	59	FA	D9	D7	01	........gG.YúÛ×.
0C001B4C0	67	47	0D	59	FA	D9	D7	01	67	47	0D	59	FA	D9	D7	01	gG.YúÛ×.gG.YúÛ×.
0C001B4D0	67	47	0D	59	FA	D9	D7	01	00	80	00	00	00	00	00	00	gG.YúÛ×..€......
0C001B4E0	00	00	00	00	00	00	00	00	20	00	00	00	00	00	00	00	....
0C001B4F0	06	00	32	00	64	00	2E	00	62	00	6D	00	70	00	00	00	..2.d...b.m.p...
0C001B500	80	00	00	00	48	00	00	00	01	00	00	00	00	00	01	00	€...H..........
0C001B510	00	00	00	00	00	00	00	00	07	00	00	00	00	00	00	00	....

MFT Entry 번호 = 0x6D or Offset / 1024

$$= 01\ B4\ 00\ /\ 1024$$

$$= 109$$

LSN = 0x00000000000C33A3

USN = 0x00000000000006C0

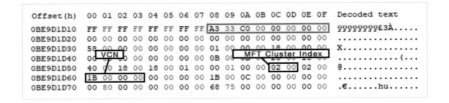

$$\text{MFT Entry 번호} = \text{VCN} * 4 + \text{MFT Cluster Index} / 2$$

$$= 0x1B * 4 + 0x02 / 25$$

$$= 109$$

$$\text{LSN} = 0x00000000000C33A3$$

6.3. **$UsnJrnl**

```
Offset(h)   00 01 02 03 04 05 06 07 08 09 0A 0B 0C 0D 0E 0F   Decoded text
0026FC6A0   03 81 00 00 00 00 00 00 00 00 00 00 20 00 00 00   ............ ...
0026FC6B0   0C 00 3C 00 32 00 64 00 2E 00 62 00 6D 00 70 00   ..<.2.d...b.m.p.
0026FC6C0   48 00 00 00 02 00 00 00 6D 00 00 00 00 00 01 00   H.......m.......
0026FC6D0   05 00 00 00 00 00 05 00 C0 06 00 00 00 00 00 00   ........À.......
0026FC6E0   5E 6E 0D 59 FA D9 D7 01 03 81 00 80 00 00 00 00   ^n.YúÜ×....€....
0026FC6F0   00 00 00 00 20 00 00 00 0C 00 3C 00 32 00 64 00   .... .....<.2.d.
0026FC700   2E 00 62 00 6D 00 70 00 00 00 00 00 00 00 00 00   ..b.m.p.........
0026FC710   00 00 00 00 00 00 00 00 00 00 00 00 00 00 00 00   ................
```

$$\text{MFT Entry 번호} = 0x6D$$

$$= 109$$

$$\text{USN} = 0x00000000000006C0$$

CHAPTER 7

GPT
(GUID Partition Table)

● ● ● ● 인텔에서 BIOS의 대체 수단으로 EFI(Extensible Firmware Interface)을 표준으로 채택하였고 최근 많이 사용되는 EFI 시스템에서 사용되는 파티션 테이블 형식이 GPT 파티션입니다. MBR과 같이 파티션 정보를 가지고 있지만 MBR 파티션 테이블의 용량 제약(2TB)을 극복하였습니다. GPT 파티션은 파티션 타입에 0xEE를 사용합니다. 전체적인 구조는 아래 그림과 같습니다. 크게 Protective MBR, Primary GPT, Secondary GPT 세 부분으로 나누어져 있습니다.[51,52,53]

Secondary GPT는 Primary GPT의 동일한 백업으로 파티션의 제일 끝부분에 자리합니다.

Protective MBR는 0번 섹터에 있으며 GPT 파티션 시작 위치가 저장되어있습니다. 파티션의 최대 크기는 18EB까지 가능합니다.

Sector 0	Protective MBR			
Sector 1	Primary GPT Header			
Sector 2	Entry 1	Entry 2	Entry 3	Entry 4
Sector 3	Partition Table Entries 5~128			
Sector 34	Partition 1			
	Partition 2			
	Remaining Partitions			
Sector -34				
Sector -33	Entry 1	Entry 2	Entry 3	Entry 4
Sector -2	Partition Table Entries 5~128			
Sector -1	Secondary GPT Header			
Primary GPT	Secondary GPT			

- Protective MBR

```
Offset(h)  00 01 02 03 04 05 06 07 08 09 0A 0B 0C 0D 0E 0F  Decoded text
0000001B0  00 00 00 00 00 00 00 00 9C 2F 15 98 00 00 00 00  ........œ/.˜....
0000001C0  02 00 EE FE FF 4C 01 00 00 00 FF FF FF FF 00 00  ..îþÿL....ÿÿÿÿ..
0000001D0  00 00 00 00 00 00 00 00 00 00 00 00 00 00 00 00  ................
0000001E0  00 00 00 00 00 00 00 00 00 00 00 00 00 00 00 00  ................
0000001F0  00 00 00 00 00 00 00 00 00 00 00 00 00 00 55 AA  ..............Uª
```

Sector 0

MBR구조와 똑같은 파티션 정보를 저장하는 위치에 같은 방식으로 GPT 파티션의 시작 위치를 가리킵니다. 파티션 타입, LBA형식의 시작주소, 끝주소를 16바이트 형식으로 저장하고 있으며 위에 헥사 데이터를 보면 MBR의 Partition Type을 0xEE라고 지정하였으며 파티션 시작 위치는 1번 섹터임을 알 수 있습니다. MBR 기준 프로그램이 잘못된 동작을 하는 것을 막기 위해 사용합니다.

CHAPTER 8

Primary GPT

8.1. GPT Header
8.2. GPT Partition Entry

● ● ● 2개 영역 GPT Header, GPT Entry로 구성되어있습니다. 1번 섹터에는 GPT Header가 존재하며 이루어져 있으며 2번 섹터부터 GPT Entry가 존재합니다. GPT에 대한 전체적인 정보를 기록하고 있으며 최대 128개의 파티션이 기록 가능합니다.

8.1. GPT Header

GPT Header는 보통 92byte로 되어있으며 나머지 영역은 NULL값으로 기록되어있습니다.

파티션의 시작 위치, 끝 위치 GUID 등의 정보가 기록되어있습니다.

	00	01	02	03	04	05	06	07	08	09	0A	0B	0C	0D	0E	0F
0x00	Signature								Revision				Header Size			
0x10	CRC32 Header				Reserved				Current LBA							
0x20	Backup LBA								First usable LBA for partition							
0x30	Last usable LBA								Disk GUID (16 byte)							
0x40	Disk GUID (16 byte)								Starting LBA of partition table							
0x50	Number of partition entries				Size of each partition entry				Partition table checksum							

```
Offset(h)   00 01 02 03 04 05 06 07 08 09 0A 0B 0C 0D 0E 0F   Decoded text
000000200   45 46 49 20 50 41 52 54 00 00 01 00 5C 00 00 00   EFI PART....\...
000000210   60 36 BA 77 00 00 00 00 01 00 00 00 00 00 00 00   `6º w............
000000220   FF 3F CA 01 00 00 00 00 22 00 00 00 00 00 00 00   ÿ?Ê....."......
000000230   DE 3F CA 01 00 00 00 00 26 76 A2 4B 48 CF 44 40   Þ?Ê.....&v¢KHÏD@
000000240   B5 C6 90 EC F6 A1 B9 4F 02 00 00 00 00 00 00 00   µÆ.ìö¡¹O........
000000250   80 00 00 00 80 00 00 00 72 85 79 14 00 00 00 00   €...€...r.y.....
```

- **Signature** : EFI PART가 기록되어있어 GPT 시작부임을 알 수 있습니다.

- **Revision** : 버전 1.0을 알려줍니다.

- **Header Size** : GPT 헤더 사이즈가 0x5C로 92byte임을 알 수 있습니다.

- **CRC32** : 체크섬

- **Reserved** : 예약 영역

- **Current LBA** : 현재 LBA주소가 1임을 알 수 있습니다.

- **Backup LBA** : 0x1CA3FFF, 즉 파티션 끝부분에 세컨더리 GPT가 존재함을 알 수 있습니다.

- **First usable LBA for Partition** : 0x22 즉 34섹터부터 실제 사용 가능함을 알 수 있습니다.

  Primary Partition Table 끝 (LBA+1) 값

- **Last usable LBA** : Secondary Partition Table 처음(LBA-1) 값

- **Disk GUID** : 26 76 A2 4B 48 CF 44 40 B5 C6 90 EC F6 A1 B9 4F
- **Starting LBA of partition table** : GPT 파티션 엔트리의 시작 위치
- **Number of Partition Entries** : 0x80으로 지원 가능 파티션은 128개까지임을 알 수 있습니다.
- **Size of each partition entry** : GPT 파티션 엔트리의 크기로 128바이트임을 알 수 있습니다.
- **Partition table checksum** : 파티션 테이블 CRC32 값

8.2. GPT Partition Entry

2번 섹터에 위치하고 있으며 각 파티션 정보를 저장하고 있습니다. MBR의 파티션주소는 4byte로 저장하지만 GPT 파티션주소는 8byte에 기록됩니다. 하나의 섹터에 4개의 파티션 정보를 기록할 수 있고, 32개를 파티션 엔트리를 가질 수 있으므로 총 128개 파티션 정보를 저장 가능합니다. 또한 GUID를 기록하여 각 파티션 고유정보를 확인 가능합니다.

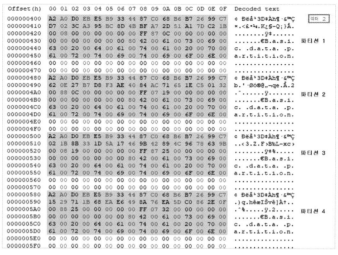

Offset(h)	00 01 02 03 04 05 06 07 08 09 0A 0B 0C 0D 0E 0F	Decoded text	
000000400	A2 A0 D0 EB E5 B9 33 44 87 C0 68 B6 B7 26 99 C7	¢ Ðëå¹3D‡Àh¶·ɛ™Ç	섹터 2
000000410	D7 02 3C A3 95 BC 8D 4B BF A7 2D 51 A1 7D C2 1B	×.<£•¼.K¿§-Q¡}Â.	
000000420	00 08 00 00 00 00 00 00 FF 0C 00 00 00 00 00 00	........ÿ‡......	
000000430	00 00 00 00 00 00 00 00 80 42 00 61 00 73 00 69 00	.......€B.a.s.i.	파티션 1
000000440	63 00 20 00 64 00 61 00 74 00 61 00 20 00 70 00	c. .d.a.t.a. .p.	
000000450	61 00 72 00 74 00 69 00 74 00 69 00 6F 00 6E 00	a.r.t.i.t.i.o.n.	
000000460	00 00 00 00 00 00 00 00 00 00 00 00 00 00 00 00	....	
000000470	00 00 00 00 00 00 00 00 00 00 00 00 00 00 00 00	....	
000000480	A2 A0 D0 EB E5 B9 33 44 87 C0 68 B6 B7 26 99 C7	¢ Ðëå¹3D‡Àh¶·ɛ™Ç	
000000490	62 0E 27 B7 D8 F3 AE 40 84 AC 71 65 1E C5 01 32	b.'·Øó®@„¬qe.Å.2	
0000004A0	00 88 0C 00 00 00 00 00 FF 19 00 00 00 00 00 00	.ˆ.....ÿ.......	파티션 2
0000004B0	00 00 00 00 00 00 00 00 80 42 00 61 00 73 00 69 00	.......€B.a.s.i.	
0000004C0	63 00 20 00 64 00 61 00 74 00 61 00 20 00 70 00	c. .d.a.t.a. .p.	
0000004D0	61 00 72 00 74 00 69 00 74 00 69 00 6F 00 6E 00	a.r.t.i.t.i.o.n.	
0000004E0	00 00 00 00 00 00 00 00 00 00 00 00 00 00 00 00	....	
0000004F0	00 00 00 00 00 00 00 00 00 00 00 00 00 00 00 00	....	
000000500	A2 A0 D0 EB E5 B9 33 44 87 C0 68 B6 B7 26 99 C7	¢ Ðëå¹3D‡Àh¶·ɛ™Ç	
000000510	02 1B 8B 33 1D 5A 17 46 9B 42 89 4C 96 78 63 9B	...<3.Z.F›B‰L–xc›	
000000520	00 08 19 00 00 00 00 00 FF 87 25 00 00 00 00 00	........ÿ‡%.....	파티션 3
000000530	00 00 00 00 00 00 00 00 80 42 00 61 00 73 00 69 00	.......€B.a.s.i.	
000000540	63 00 20 00 64 00 61 00 74 00 61 00 20 00 70 00	c. .d.a.t.a. .p.	
000000550	61 00 72 00 74 00 69 00 74 00 69 00 6F 00 6E 00	a.r.t.i.t.i.o.n.	
000000560	00 00 00 00 00 00 00 00 00 00 00 00 00 00 00 00	....	
000000570	00 00 00 00 00 00 00 00 00 00 00 00 00 00 00 00	....	
000000580	A2 A0 D0 EB E5 B9 33 44 87 C0 68 B6 B7 26 99 C7	¢ Ðëå¹3D‡Àh¶·ɛ™Ç	
000000590	15 29 71 1B 68 EA E6 49 8A 76 EA 5D C0 86 2E 0F	.)q.hêæIŠvê]À†..	
0000005A0	00 88 25 00 00 00 00 00 FF 07 32 00 00 00 00 00	.ˆ%.....ÿ.2.....	파티션 4
0000005B0	00 00 00 00 00 00 00 00 80 42 00 61 00 73 00 69 00	.......€B.a.s.i.	
0000005C0	63 00 20 00 64 00 61 00 74 00 61 00 20 00 70 00	c. .d.a.t.a. .p.	
0000005D0	61 00 72 00 74 00 69 00 74 00 69 00 6F 00 6E 00	a.r.t.i.t.i.o.n.	
0000005E0	00 00 00 00 00 00 00 00 00 00 00 00 00 00 00 00	....	
0000005F0	00 00 00 00 00 00 00 00 00 00 00 00 00 00 00 00	....	

	00	01	02	03	04	05	06	07	08	09	0A	0B	0C	0D	0E	0F
0x00	Partition Table GUID															
0x10	Unique Partition GUID															
0x20	First LBA								Last LBA							
0x30	Attribute Flags															
0x40	Partition Name															
0x50																

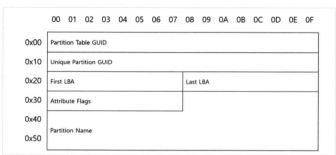

Offset(h)	00 01 02 03 04 05 06 07 08 09 0A 0B 0C 0D 0E 0F	Decoded text
000000400	A2 A0 D0 EB E5 B9 33 44 87 C0 68 B6 B7 26 99 C7	¢ Ðëå¹3D‡Àh¶·ɛ™Ç
000000410	E0 22 ED 42 47 32 82 4B 81 EA 5D 60 18 2F 35 48	à"íBG2‚K.ê]`./5H
000000420	00 08 00 00 00 00 00 00 FF 37 CA 01 00 00 00 00	........ÿ7Ê.....
000000430	00 00 00 00 00 00 00 00 42 00 61 00 73 00 69 00	........B.a.s.i.
000000440	63 00 20 00 64 00 61 00 74 00 61 00 20 00 70 00	c. .d.a.t.a. .p.
000000450	61 00 72 00 74 00 69 00 74 00 69 00 6F 00 6E 00	a.r.t.i.t.i.o.n.
000000460	00 00 00 00 00 00 00 00 00 00 00 00 00 00 00 00	....

Partition Type GUID : 파티션 타입을 표현하는 정보

Unique Partition GUID : 0xBAE5---- 파티션마다 할당하는 고유한 값

First LBA : 0x800 파티션의 시작주소

Last LBA : 0x1CA37FF 파티션의 끝주소

Attribute Flags : 0x80 파티션의 속성

Partition Name : 파일시스템 이름으로 UTF-16 사용합니다.
여기서는 Basic data partition입니다.

CHAPTER 9

Secondary
GPT

● ● ● 　앞에 이야기하였듯 Primary GPT와 동일한 값을 가지고 있습니다. 그러나 Primary GPT는 GPT Header, GPT Entry 순서로 기록되어있으나 Secondary GPT는 파티션 맨 끝에 순서가 반대로 저장되어있습니다.

Sector -34				
Sector -33	Entry 1	Entry 2	Entry 3	Entry 4
Sector -2	Partition Table Entries 5~128			
Sector -1	Secondary GPT Header			

윈도
포렌식

윈도 포렌식
개요

• • •   전체 PC 운영체제 중 윈도가 차지하는 비율은 88.8%로, 나머지 11% 정도를 맥 OS, 리눅스, 크롬 OS 등이 점유하고 있어 파일유출, 저장매체 연결흔적 등과 같은 조사를 하는 데 있어 중요하며 사용자가 윈도시스템을 사용하면서 남는 흔적을 분석하는 작업을 윈도 포렌식이라고 할 수 있습니다.[54]

즉 시스템 아티팩트란 시스템이 운용되면서 사용자 또는 운영체제에 의해 남게 되는 모든 흔적을 의미합니다. 윈도 포렌식은 윈도시스템이 운용되면서 남는 모든 흔적을 검사하는 것을 의미합니다.

윈도 포렌식에서 보통 수행하는 분석을 살펴보면 레지스트리분석, 웹 아티팩트분석, 이벤트 로그 분석, 프리패치 & 슈퍼패치분석, 바로가기 파일분석, 점프리스트분석, 휴지통분석, 섬네일/아이콘캐시분석 등을 들 수 있습니다.

1.1. 레지스트리분석

레지스트리란 윈도시스템에서 운영체제 및 애플리케이션에 관한 각종 설정 정보를 가지고 있는 데이터베이스입니다. 예전 DOS와 윈도 3.1에서는 시스템 환경설정 정보가 config.sys, win.ini, system.ini, autoexec.bat에 저장되어 운영되었습니다. 그 후 윈도 버전들은 이 파일들을 애플리케이션, 하드웨어 장치 및 사용자에 대한 환경설정을 유지하는 중앙계층적 데이터베이스(https://support.microsoft.com/kb/256986) 형태의 레지스트리로 대체하였습니다.[55]

레지스트리분석은 시스템 정보와 사용자의 다양한 활동에 대한 분석이 가능하기 때문에 디지털 포렌식에 중요합니다. 레지스트리분석을 통해 알 수 있는 대표적인 항목을 아래에 정리하였습니다.

– **시스템 정보** : 레지스트리에는 시스템의 설치 시점부터, 운영체제 버전 정보를 비롯한 여러 가지 시스템 구성 정보가 상세하게 기록되어있습니다.

– **응용프로그램 사용내역** : 레지스트리에는 각각의 응용프로그램이 최근에 사용한 데이터 파일의 위치를 기록하기도 하며, 운영체제 차원에서 응용프로그램 사용 로그를 저장하기도 합니다. 이와 같은 정보는 다양한 상황에서 용의자의 행위나 악성코드의 구동 흔적을 파악할 수 있는 중요한 단서가 되기도 합니다.

– **사용자 정보** : 레지스트리는 시스템 사용자에 관한 기본적인 계정 정보를 비롯하여 사용자의 홈 경로, 마지막 로그인 시간, 로그인 실패 시간, 패스워드 해쉬 등 다양한 정보를 기록하기 때문에 사용자 계정에 관한

특이점 등 사용된 계정 등에 관한 정보를 파악할 수 있습니다.

　- **최근 접근내역** : 레지스트리에는 운영체제 역시 익스플로러를 통해 최근 접근한 목록을 관리하고 있습니다. 최근 접근내역은 조사에 도움을 주는 경우가 많습니다.

　- **외장 장치 정보** : 레지스트리에는 외장 장치 연결에 관한 정보를 찾을 수 있습니다. 정보유출 탐지에 관련된 조사에서 외장 장치에 관한 정보가 중요합니다.

　- **자동 실행** : 레지스트리에는 여러 가지 자동 실행에 관련된 키가 존재합니다. 시스템에 등록된 자동 실행 항목은 악성코드가 많이 이용하는 기능이기 때문에 침해사고 조사 시 중요합니다.[56]

　레지스트리는 하나의 파일시스템과 같이 체계적으로 정보를 저장합니다. 사용자 및 응용프로그램별로 영역 즉 레지스트리 키별로 분리하여 저장할 수 있게 계층구조로 정보를 저장합니다.

　레지스트리를 편집할 수 있는 regedit프로그램을 실행하여보면 아래 그림과 같이 5개의 루트폴더가 보이고 트리 형태의 구조를 가집니다. 이 루트폴더를 레지스트리 하이브라 칭하고 있으며 하이브 단위로 파일을 생성하여 관리를 하고 있습니다.

    Windows 레지스트리의 하이브는 레지스트리 키, 레지스트리 하위 키 및 레지스트리값을 포함하는 개념이며 하이브로 간주되는 모든 키는 "HKEY"로 시작하며 루트 또는 레지스트리의 최상위에 있으므로 루트키 또는 핵심 시스템 하이브라고도 합니다. 하나의 예를 살펴보면 아래와 같습니다.[57]

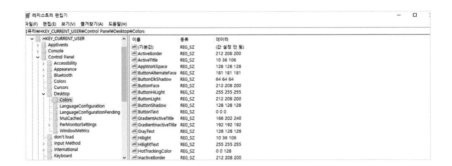

HIVE : HKEY_CURRENT_USER

KEY : Control Panel

SUBKEY : Desktop

SUBKEY : Colors

VALUE : Menu

위의 그림에서 보이는 하이브는 아래와 같은 정보를 관리합니다.

- **HKEY_CLASS_ROOT** : 파일확장자와 애플리케이션의 파일연관성과
  COM 정보
- **HKEY_CURRENT_USER** : 현재 시스템에 로그인되어있는 사용자
  정보 및 관련 시스템 정보
- **HKEY_LOCAL_MACHINE** : 시스템의 하드웨어 및 소프트웨어 정보
- **HKEY_USERS** : 시스템에 로드된 모든 사용자 정보
- **HKEY_CURRENT_CONFIG** : 시스템 시작할 때 이용되는 하드웨어 프
  로파일

이 레지스트리 하이브는 하나의 파일이 아닌 여러 개의 파일에 저장되어있
습니다.[58]

레지스트리 하이브	지원 파일
HKEY_CURRENT_CONFIG	System, System.alt, System.log, System.sav
HKEY_CURRENT_USER	Ntuser.dat, Ntuser.dat.log
HKEY_LOCAL_MACHINE\SAM	Sam, Sam.log, Sam.sav
HKEY_LOCAL_MACHINE\Security	Security, Security.log, Security.sav
HKEY_LOCAL_MACHINE\Software	Software, Software.log, Software.sav
HKEY_LOCAL_MACHINE\System	System, System.alt, System.log, System.sav
HKEY_USERS\DEFAULT	Default, Default.log, Default.sav

레지스트리 파일은 \HKEY_LOCAL_MACHINE\SYSTEM\Current
ControlSet\Control\hivelist에서 확인이 가능합니다.

이 레지스트리 파일은 라이브 상태에서 운영체제가 점유하고 있어 복사를 하지 못하게 되어있어 Ftk Imager나 REGA tool 같은 프로그램을 이용하여 복사합니다. 보통 운영체제가 사용하는 파일 4개와 사용자에 대한 기록이 있는 사용자 하이브 파일 2개를 추출하여 분석합니다.

운영체제에서 사용하는 하이브 파일 4개

[WinDir]\System32\config\(SAM, SECURITY, SOFTWARE, SYSTEM)

사용자 하이브 파일 2개

 \Users\[user name]\NTUSER.DAT

 \Users\[user name]\AppData\Local\Microsoft\Windows\UsrClass.dat

1.2. 레지스트리 내부구조

레지스트리는 아래 그림과 같이 레지스트리 헤더와 여러 개의 hive bin으로 구성되어있습니다. 각각은 논리적인 할당 단위 블록 크기 4096바이트로 일정하게 구성되어있습니다.[59,60]

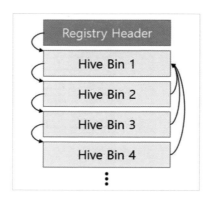

- 레지스트리 헤더

레지스트리 헤더는 하이브 헤더라고도 하며 시그니처, 갱신 순서 번호, 마지막 수정시간, 레지스트리 복구에 관한 정보, 하이브 포맷 버전 번호 등의 정보가 있습니다.[61]

범위(Hex)	크기(Btye)	이름	설명
0x00 ~ 0x03	4	Signature	72 65 67 66 "regf"
0x04 ~ 0x07	4	Sequence Number 1	
0x08 ~ 0x0B	4	Sequence Number 2	
0x0C ~ 0x13	8	Timestamp	
0x14 ~ 0x17	4	Major Version	
0x18 ~ 0x1B	4	Minor Version	
0x1C ~ 0x1F	4	Unknown	
0x20 ~ 0x23	4	Unknown	
0x24 ~ 0x27	4	Start of Root Cell	
0x28 ~ 0x2B	4	Start of last hbin	
0x2C ~ 0x2F	4	Always 1	
0x30 ~ 0x6F	64	Hive file path or name	Unicode, 64Bytes

	00	01	02	03	04	05	06	07	08	09	0A	0B	0C	0D	0E	0F
0x00	Signature "regf"				Sequence Num 1				Sequence Num 2				Timestamp			
0x10					Major Version				Minor Version				Unknown			
0x20	Unknown				Start of Root Cell				Start of last hbin				Always 1			
0x30																
0x40	Hive file path or name (Unicode, 64 bytes)															
0x50																
0x60																

📄 SAM

```
Offset(h)  00 01 02 03 04 05 06 07 08 09 0A 0B 0C 0D 0E 0F   Decoded text
00000000   72 65 67 66 4D 01 00 00 4D 01 00 00 00 00 00 00   regfM...M.......
00000010   00 00 00 00 01 00 00 00 05 00 00 00 00 00 00 00   ................
00000020   01 00 00 00 20 00 00 00 00 D0 00 00 01 00 00 00   .... ....Ð......
00000030   5C 00 53 00 79 00 73 00 74 00 65 00 6D 00 52 00   \.S.y.s.t.e.m.R.
00000040   6F 00 6F 00 74 00 5C 00 53 00 79 00 73 00 74 00   o.o.t.\.S.y.s.t.
00000050   65 00 6D 00 33 00 32 00 5C 00 43 00 6F 00 6E 00   e.m.3.2.\.C.o.n.
00000060   66 00 69 00 67 00 5C 00 53 00 41 00 4D 00 00 00   f.i.g.\.S.A.M...
00000070   56 9E B3 53 C4 18 EA 11 A8 11 00 0D 3A A4 69 2B   Vž³SÄ.ê.¨...:¤i+
```

시그니처 : regf로서 레지스트리 헤더임을 알 수 있습니다.

타임스탬프 : 마지막 쓰기시간은 1601년 1월 1일(UTC) 이후의 100나노초 간격 수를 나타내는 64비트 정수로 저장됩니다. 0x9D705536372FCC01로서 2011-06-20 10.45.46가 됩니다.

메이저 버전 : 1

마이너 버전 : 5로 버전 1.5를 나타냅니다.

Start of Root Cell : 루트 셀 오프셋으로 0x20입니다. 하이브 헤더 길이는 4096(0x1000)바이트입니다. 이것은 첫 번째 hbin 셀이 절대 오프셋 0x1000에서 발견된다는 것을 의미하며 루트 셀의 상대 위치인 0x20에 0x1000을 더해야 합니다. 0x20 + 0x1000 = 0x1020 오프셋이 생성되고 해당 오프셋을 보면 루트 셀의 데이터 구조를 볼 수 있습니다.

길이 : 레지스트리 하이브의 길이는 오프셋 0x28에 있습니다. 32비트 부호 없는 정수로 저장되며 레지스트리 하이브에서 현재 사용 중인 모든 hbin 셀의 총 크기를 나타냅니다. 길이가 0xF2F000 또는 15,921,152바이트임을 알 수 있습니다.

파일 이름 :

이름은 최대 길이가 64인 UTF-16 리틀 엔디안 형식으로 저장됩니다. 문자열은 NUL(문자열 끝) 문자로 종료됩니다. 여기서는 파일 이름이 SYSTEM을 알 수 있습니다.

하이브 빈(Hive Bin) :

셀(Cell)을 포함하는 모든 레코드의 "컨테이너"로서 hbin 시그니처로 시작합니다.

hbin 셀은 4096(0x1000)바이트의 고정크기를 가지며 몇 가지 중요한 정보 서명, 파일 오프셋, 크기 등을 가지고 있습니다.

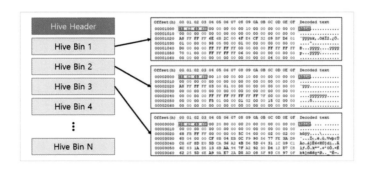

셀(Cell) :

하이브 내의 다양한 데이터는 셀구조로 저장(8바이트의 배수)하며 실제 데이터를 저장하는 단위로 아래와 같은 데이터 유형을 저장합니다.

레코드 유형	설명
키셀(Key Cell)	nk로 시작하며 키에 대한 값이 들어있으며 타임스탬프, 부모키 인덱스, 서브키 인덱스, 키 이름 저장
값셀(Value Cell)	vk로 시작하며 값, 유형, 이름 등을 저장
하위키 목록 셀(Subkey-list Cell)	"lf", "lh", "ri" 3가지 타입이 있으며 부모키의 모든 하위키 셀의 인덱스 목록 저장
값 목록 셀(Value-list Cell)	부모키의 모든 값 셀의 인덱스 목록 저장
데이터 셀(Data Cell)	데이터를 저장하는 셀 (Big Data Cell, Normal Data Cell)
보안기술자 셀 (Security-descriptor Cell)	sk로 시작하며 보안기술자 저장

1.3. 하이브 빈 헤더(Hive Bin Header)

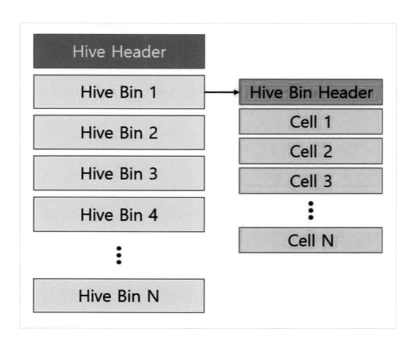

범위(Hex)	크기(Btye)	이름	설명
0x00 ~ 0x03	4	Signature	68 62 69 6E "hbin"
0x04 ~ 0x07	4	Offset	
0x08 ~ 0x0B	4	Size	
0x14 ~ 0x1B	8	Timestamp	

```
Offset(h)  00 01 02 03 04 05 06 07 08 09 0A 0B 0C 0D 0E 0F  Decoded text
00001000   68 62 69 6E 00 00 00 00 00 10 00 00 00 00 00 00  hbin............
00001010   00 00 00 00 00 00 00 00 00 00 00 00 00 00 00 00  ................
00001020   A8 FF FF FF 6E 6B 2C 00 4F E4 CF 32 09 BF D6 01  ¨ÿÿÿnk,.OäÏ2.¿Ö.
```

시그니처 : hbin로서 하이브 빈 헤더임을 알 수 있습니다.

FileOffset : 다른 hbin 셀에 대한 hbin의 상대 오프셋입니다. 오프셋이 0x00000000임을 알 수 있습니다. 첫 번째 hbin 셀이기 때문에 상대 오프셋이 0이 됩니다. hbin 셀의 절대 오프셋을 계산하려면 FileOffset에 0x1000을 추가하기만 하면 됩니다.

FileOffset에 대한 절대 오프셋을 얻으려면 0x1000(레지스트리 헤더), FileOffset 값(hbin의 상대 오프셋) 및 0x4를 추가합니다. 이 예에서는 0x1004(0x1000 + 0x00 + 0x04)가 됩니다.

Size : 크기는 0x1000입니다. 10진수로 4096입니다.

타임스탬프 : 마지막 쓰기시간은 0x9D705536372FCC01로서 2011-06-20 10.45.46가 됩니다.

1.4. 셀(Key) 구조

범위(Hex)	크기(Btye)	이름	설명
0x00 ~ 0x03	4	Cell Size	
0x04 ~ 0x05	2	Signature	62 6b "nk"
0x06 ~ 0x07	2	Flag	
0x08 ~ 0x0F	8	Timestamp	
0x10 ~ 0x13	4	Unknown	
0x14 ~ 0x17	4	Parent key offset	
0x18 ~ 0x1B	4	Num of subkeys(stable)	
0x1C ~ 0x1F	4	Num of subkeys(volatile)	
0x20 ~ 0x23	4	Subkey-list offset	
0x24 ~ 0x27	4	Subkey-list offset	
0x28 ~ 0x2B	4	Num of values	
0x2C ~ 0x2F	4	Value-list offset	
0x30 ~ 0x33	4	Security offset	
0x34 ~ 0x37	4	Classname offset	
0x38 ~ 0x3B	4	Max name length of subkeys	
0x3C ~ 0x3F	4	Max classname length of subkeys	
0x40 ~ 0x43	4	Max name length of values	
0x44 ~ 0x47	4	Max value data size	
0x48 ~ 0x4B	4	Unknown	
0x4C ~ 0x4D	2	Keyname length	
0x4E ~ 0x4F	2	Classname length	
0x50 ~ 0x--	가변적	Key name	

	00	01	02	03	04	05	06	07	08	09	0A	0B	0C	0D	0E	0F
0x00	Cell Size				"nk"		Flag		Timestamp							
0x10	Unknown				Parent ket offset				Num of subkeys (stable)				Num of subkeys (volatile)			
0x20	Subkey-list offset				Subkey-list offset				Num of values				Value-list offset			
0x30	Security offset				Classname offset				Max name length of subkeys				Max classname length of subkeys			
0x40	Max name length of values				Max value data size				Unknown				Keyname length		Classname length	
0x50																
0x60	Key name															
0x--																

```
Offset(h) 00 01 02 03 04 05 06 07 08 09 0A 0B 0C 0D 0E 0F  Decoded text
00001000  68 62 69 6E 00 00 00 00 00 10 00 00 00 00 00 00  hbin............
00001010  00 00 00 00 00 00 00 00 00 00 00 00 00 00 00 00  ................
00001020  A8 FF FF FF 6E 6B 2C 00 4F E4 CF 32 09 BF D6 01  ¨ÿÿÿnk,.OäÏ2.¿Ö.
00001030  01 00 00 00 98 05 00 00 01 00 00 00 00 00 00 00  ............~....
00001040  D0 00 00 00 FF FF FF FF 00 00 00 00 FF FF FF FF  Ð...ÿÿÿÿ....ÿÿÿÿ
00001050  70 01 00 00 FF FF FF FF 06 00 00 00 00 00 00 00  p...ÿÿÿÿ........
00001060  00 00 00 00 00 00 00 00 00 00 00 00 04 00 00 00  ................
00001070  52 4F 4F 54 00 00 00 00 A8 FF FF FF 6E 6B 20 00  ROOT....¨ÿÿÿnk .
00001080  AB E2 E8 C5 04 89 D7 01 01 00 00 00 20 00 00 00  «âèÅ.‰×..... ...
```

Cell Size : 셀의 시작 부분은 크기 정보로 시작합니다. 즉 오프셋 0x00에서 4byte 정수로 저장됩니다. 0xFFFFFFFF에서 사이즈를 뺀 후 +1을 하면 셀 크기가 됩니다.

Signature : nk로 키임을 알 수 있습니다. vk만 벨류가 됩니다.

Flag : 플래그는 아래와 같은 표시입니다.

압축 이름(ASCII) = 0x0020(2진수 100000)

삭제 없음 = 0x0008(2진수 001000)

하이브항목 루트키 = 0x0004(2진수 000100)

하이브 종료 = 0x0002(2진수 000010)

만약 플래그가 0x2C라면 2진수는 101100입니다.

위의 플래그와 플래그값을 비트 단위로 AND 하면 어떤 플래그인지 알 수 있습니다.

이름이 아스키이며, 삭제가 안 됐으며, 루트키이며, 하이브가 종료되지 않았음을 확인 가능합니다.

타임스탬프 : 이 시간은 NK 레코드가 업데이트된 마지막 시간으로 UTC시간입니다.

Parent Key Offset : NK 레코드의 부모 NK 레코드가 존재하면 이 오프셋입니다.

Number of subkeys : NK 레코드에 존재하는 서브키 개수

SubKey Offset : 이 값에 0x1000 등 hbin 시작주소를 더해서 나온 값은 SubKey 시작 위치입니다.

Number of Values : 이 키에 존재하는 Value 개수

Value-list Offset : 이 값에 0x1000 등 hbin 시작주소를 더해서 나온 값은 Value-list 시작 위치입니다.

Key 셀의 실제 오프셋을 확인하여 보면 아래와 같이 첫 4바이트가 크기를 나타내며 여러 개의 키가 있음을 확인할 수 있습니다.

셀(Value) **구조**

범위(Hex)	크기(Btye)	이름	설명
0x00 ~ 0x03	4	Cell Size	
0x04 ~ 0x05	2	Signature	-- 6b "vk"
0x06 ~ 0x07	2	Name length	
0x08 ~ 0x0B	4	Data length	
0x0C ~ 0x0F	4	Data offset	
0x10 ~ 0x13	4	Data type	
0x14 ~ 0x15	4	Flag	
0x16 ~ 0x17	2	Unknown	
0x18 ~ 0x--	가변적	Value Name	

	00	01	02	03	04	05	06	07	08	09	0A	0B	0C	0D	0E	0F
0x00	Cell Size				"vk"		Name length		Data length				Data offset			
0x10	Data type				Flag		Unknown									
0x20	Value Name															
0x--																

```
Offset(h) 00 01 02 03 04 05 06 07 08 09 0A 0B 0C 0D 0E 0F  Decoded text
000022E0  D0 FF FF FF 76 6B 17 00 40 00 00 00 10 13 00 00  Ðÿÿÿvk..@.......
000022F0  03 00 00 00 01 00 00 00 53 75 70 70 6C 65 6D 65  ........Suppleme
00002300  6E 74 61 6C 43 72 65 64 65 6E 74 69 61 6C 73 00  ntalCredentials.
00002310  B8 FF FF FF 00 00 00 00 00 00 00 00 02 00 02 00  ,ÿÿÿ............
00002320  10 00 00 00 82 80 0B 18 FD 1F 65 CF C9 C3 07 AD  ....,€..ý.eÏÉÃ..
```

Cell Size : 셀의 시작 부분은 크기 정보로 시작합니다. 즉 오프셋 0x00에서 4byte 정수로 저장됩니다. 0xFFFFFFFF에서 사이즈를 뺀 후 +1을 하면 셀 크기가 됩니다.

Signature : vk로 벨류임을 알 수 있습니다.

Name Length : 벨류 이름의 길이를 나타냅니다.

1.6. 주요 레지스트리 값

아래의 주요 레지스트리값을 통해 시스템 정보, 사용자 정보, 사용자 활동 정보 등을 알 수 있습니다.[62]

1) 시스템 정보

컴퓨터 이름, 설치 운영체제 등은 아래 레지스트리 위치에서 알 수 있습니다. 커맨드 창에서 systeminfo 명령을 사용한 정보로도 쉽게 알 수 있습니다.

- HKEY_LOCAL_MACHINE\SOFTWARE\Microsoft\Windows NT\ CurrentVersion

설치된 운영체제 이름, ID, 버전, 설치 날짜 및 시간, 소유계정, 설치된 폴더 등을 알 수 있습니다.

- HKEY_LOCAL_MACHINE\SYSTEM\ControlSet001\Control\ ComputerName\ActiveComputerName 컴퓨터 이름을 알 수 있습니다.

- HKEY_LOCAL_MACHINE\SYSTEMControlSet001\Control\ TimeZoneInformation

컴퓨터의 표준 시간대를 알 수 있습니다.

- HKEY_LOCAL_MACHINE\SYSTEM\ControlSet001\Control\
  Windows

시스템 종료(ShutDown) 시간을 알 수 있습니다.

2) 시스템에 설치된 프로그램 및 서비스 정보

시스템에 설치되거나 지워진 프로그램과 관련된 정보는 아래 레지스트리에서도 찾을 수 있습니다.[63]

- HKEY_LOCAL_MACHINE\SOFTWARE\Microsoft\Windows\
  CurrentVersion\App Paths

설치된 프로그램 목록을 알 수 있습니다.

- HKEY_LOCAL_MACHINE\SOFTWARE\Microsoft\Windows\
  CurrentVersion\Uninstall

설치된 프로그램 목록, 버전, 설치폴더 및 설치시간 등을 알 수 있습니다.

- HKEY_LOCAL_MACHINE\SOFTWARE\Classes\Installer\Products

MSI을 이용하여 설치된 프로그램 정보를 알 수 있습니다.

- HKEY_LOCAL_MACHINE\SOFTWARE\Microsoft\Windows\
  CurrentVersion\Run

시스템 시작 시 자동으로 실행되는 프로그램 정보를 알 수 있습니다. 멀웨어는 일반적으로 여기에 흔적을 남깁니다.

- HKEY_LOCAL_MACHINE\SYSTEM\ControlSet001\Services

실행되는 서비스 및 드라이버 목록으로 커맨드 창에 driverquery 명령어로도 확인 가능합니다.

3) 시스템에 설치된 디바이스

- HKEY_LOCAL_MACHINE\SYSTEM\MountedDevices

  USB 저장장치 및 외부 DVD/CDROM 드라이브를 포함하여 마운트
되고 드라이브 문자가 할당된 모든 볼륨을 나열합니다.

- HKEY_LOCAL_MACHINE\SYSTEM\CurrentControlSet\Enum\
  USBSTOR

  외부 메모리 카드 및 USB 저장장치 목록을 알 수 있습니다.

4) 시스템에 설치된 네트워크 정보

- HKEY_LOCAL_MACHINE\SOFTWARE\Microsoft\Windows NT\
  CurrentVersion\NetworkCards

  ServicesName에서 GUID를 확인하고 이후

- HKEY_LOCAL_MACHINE\SYSTEM\ControlSet001\Services\Tcpip\
  Parameters\Interfaces

  아래에 GUID를 확인하면 네트워크 정보 확인 가능(IP Address and Gateway)

- HKEY_LOCAL_MACHINE\SOFTWARE\Microsoft\Windows NT\
  CurrentVersion\NetworkList\Profiles

  아래에 GUID를 확인하면 무선랜 정보 확인 가능

5) 사용자 정보

- HKEY_LOCAL_MACHINE\SOFTWARE\Microsoft\Windows NT\
  CurrentVersion\ProfileList

  SID(보안식별자) : Windows에서 사용자, 그룹 및 컴퓨터 계정을 식별할 때

이용하는 번호로 S-1-5-2로 시작합니다.

- HKEY_LOCAL_MACHINE\SOFTWARE\Microsoft\Windows\
  CurrentVersion\Explorer\Shell Folders
  사용자 기본 폴더 위치
- HKEY_LOCAL_MACHINE\SOFTWARE\Microsoft\Windows NT\
  CurrentVersion\Winlogon
  마지막으로 로그인한 사용자 정보

6) 사용자 활동 정보

- HKEY_CURRENT_USER\SOFTWARE\Microsoft\Windows\
  CurrentVersion\Explorer\UserAssist
  최근에 실행한 프로그램, 마지막 수행시간 및 횟수 등이 기록됨(ROT 13
  인코딩되어있음)

  ROT 13 인코딩은 A~M의 알파벳을 N~Z의 알파벳으로 매칭시킨 간단한
  암호화입니다.

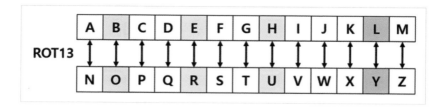

- HKEY_CURRENT_USER\SOFTWARE\Microsoft\Office\14.0\Word\
  File MRU

최근에 열어본 MS-Word 문서

- HKEY_CURRENT_USER\SOFTWARE\HNC\Hwp\8.0\HwpFrame\
  RecentFile

최근에 열어본 한글 문서

- HKEY_CURRENT_USER\SOFTWARE\Microsoft\Windows\
  CurrentVersion\Explorer\WordWheelQuery

explorer 내에서 검색한 검색어 목록

- HKEY_CURRENT_USER\Software\Microsoft\Windows\
  CurrentVersion\Explorer\RecentDocs

최근 열어본 파일

- HKEY_CURRENT_USER\SOFTWARE\Microsoft\Windows\
  CurrentVersion\Explorer\RunMRU

실행에서 최근 실행되었던 프로그램

- HKEY_CURRENT_USER\Software\Microsoft\Windows\
  CurrentVersion\Explorer\ComDlg32\OpenSavePidlMRU

최근 열렸거나 저장된 파일 확인

- HKEY_CURRENT_USER\Software\Microsoft\Windows\
  CurrentVersion\Explorer\ComDig32\LastVisitedPidMRU

최근에 사용자가 사용한 프로그램 및 최근에 접근한 폴더 확인

- HKEY_CURRENT_USER\SOFTWARE\Classes\Local Settings\
  Software\Microsoft\Windows\Shell\MuiCache

응용프로그램이 실행되면 여기에 저장되고 별도로 지우지 않으면 계속
존재합니다.

- HKEY_CURRENT_USER\SOFTWARE\Microsoft\Windows\
CurrentVersion\Explorer\TypedPaths

탐색기주소 창에 타이핑한 URL 목록

CHAPTER 2

휴지통(Recycle Bin) 분석

● ● ● ● 윈도시스템에서 Shift+Delete를 이용하면 파일이 완전히 삭제를 하게 되며, 그렇지 않은 방법으로 지우면 파일이 임시로 휴지통에 들어가고 추후 복원이 필요하면 복원을 할 수 있습니다. 즉 파일을 삭제하면 휴지통으로 이동되고 실제로는 지우지 않고 메타정보만을 변경합니다. 휴지통분석은 파일 삭제시간, 삭제된 파일의 원본 경로 및 크기 정보를 얻을 수 있습니다.

휴지통(Recycle Bin)폴더 밑에 사용자 SID 이름으로 휴지통폴더가 생성이 됩니다. 파티션마다 따로 휴지통폴더가 생성됩니다.

사용자의 SID는 아래의 경로에서 확인이 가능합니다.

레지스트리 경로 : HKEY_LOCAL_MACHINE\SOFTWARE\Microsoft \Windows NT\CurrentVersion\ProfileList

또는 cmd 창에서 wmic UserAccount Where LocalAccount=True Get SID 명령어로 확인 가능합니다.

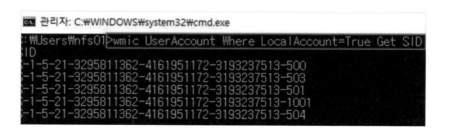

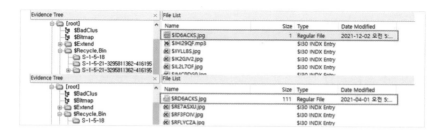

파일 삭제 시 휴지통으로 이동된 파일은 파일별로 $I, $R 파일이 생성됩니다.

종류	이름 규칙	내용
$R	$R [임의 문자열] . [원본파일 확장자]	원본파일과 동일함
$I	$I [임의 문자열] . [원본파일 확장자]	삭제된 파일의 정보

$I분석으로 아래와 같은 정보를 확인할 수 있습니다.

- 삭제 파일 이름 & 확장자
- 삭제되기 전 파일 경로 & 이름

- 파일 크기
- 삭제시간

FTK Imager와 RBcmd프로그램으로 $I정보를 파싱하여 csv로 확인
가능합니다.

FTK Imager 〉 root 〉 $Recycle.Bin 아티팩트 확인

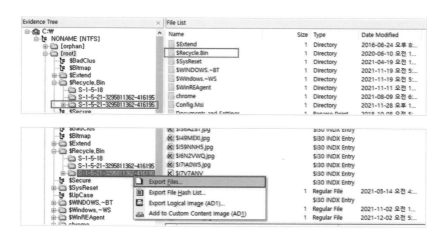

RBCmd 도구 실행 〉 명령어 입력 RBCmd.exe -d {추출한 휴지통} --csv
{Output Path}

A2	input\S-1-5-21-3295811362-4161951172-3193237513-1001\$IBDOIK3.jpg				
	A	B	C	D	E
1	SourceName	FileType	FileName	FileSize	DeletedOn
2	input\S-1-5-21-3295811362-4161951172-31	$I	C:\Users\nfs0	459536	:11:04.250
3	input\S-1-5-21-3295811362-4161951172-31	$I	C:\Users\nfs0	203795	:00:23.961
4	input\S-1-5-21-3295811362-4161951172-31	$I	C:\Users\nfs0	113498	:33:17.310
5	input\S-1-5-21-3295811362-4161951172-31	$I	C:\Windows\F	59491	:09:29.980
6	input\S-1-5-21-3295811362-4161951172-31	$I	C:\Users\nfs0	244956	:11:04.350

파일구조

$I파일은 544byte 크기를 가지며 아래와 같은 정보를 가집니다.

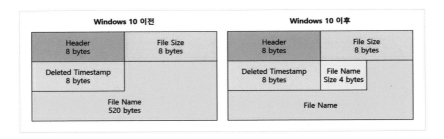

범위(Hex)	크기(Btye)	이름	설명
0x00 ~ 0x07	8	Header	파일 헤더
0x08 ~ 0x0F	8	File Size	원본파일 크기
0x10 ~ 0x17	8	Deleted Timestamp	삭제된 파일 시간 정보
0x18 ~ 0x1B	4	File Name Size	원본파일 경로 사이즈
0x1C ~ 0x--	가변적	File Name	원본파일 경로(Unicode)

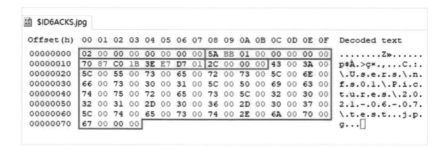

삭제된 시간

CHAPTER 3

쉘백(ShellBag)

3.1. 레지스트리 경로
3.2. 구조 확인

Windows는 폴더 및 바탕화면의 보기 기본설정을 기록합니다. 따라서 폴더/데스크톱을 다시 방문하면 Windows가 위치를 기억할 수 있습니다. 레지스트리 내 Shellbag키를 사용하여 GUI 기본설정을 저장합니다. Shellbag이란 User Registry Hive(ntuser.dat, usrclass.dat)의 ShellBag의 하위키로 사용자가 열람한 폴더정보(로컬 및 네트워크, USB 등)가 기록됩니다. 따라서 사용자가 폴더에 접근한 시간을 확인할 수 있으며 그 외에도 쉘백은 폴더가 삭제된 이후에도 폴더정보를 가지고 있어 볼륨, 삭제 파일 정보를 확인 가능하며 폴더의 삭제 및 덮어쓰기에 대한 정보를 확인할 수 있습니다. 레지스트리 쉘백은 Bags와 BagMRU 두 종류가 있습니다. BagMRU키는 폴더이름과 폴더경로를 저장하며 Bags는 창 크기 및 위치 등의 정보를 저장합니다.[64,65,66,67]

HKEY_CURRENT_USER\Software\Classes\Local Settings\Software\
Microsoft\Windows\Shell\Bags

HKEY_CURRENT_USER\Software\Classes\Local Settings\Software\
Microsoft\Windows\Shell\BagMRU

HKEY_CURRENT_USER\Software\Microsoft\Windows\Shell\Bags

HKEY_CURRENT_USER\Software\Microsoft\Windows\Shell\BagMRU

ShellBags Explorer프로그램을 이용하여 접근한 폴더정보를 확인할 수
있습니다.

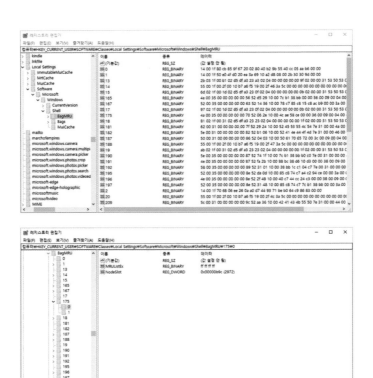

HKEY_CURRENT_USER\Software\Classes\Local Settings\Software\
Microsoft\Windows\Shell\BagMRU의 값은 서브키들을 가지고 있으며
서브폴더정보를 가지고 있습니다.

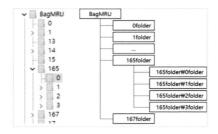

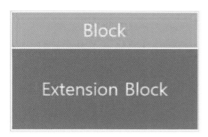

Block

범위(Hex)	크기 (Btye)	이름	설명
0x00 ~ 0x01	2	Block Size	블록 크기
0x02 ~ 0x03	2	Type	0x31(Directory), 0x32(File)
0x04 ~ 0x07	4	File Size	파일 크기
0x08 ~ 0x0B	4	Modification Time	수정시간
0x0C ~ 0x0D	2	Type	0x10(Directory), 0x20(Zip File)
0x0E ~ 0x--	가변적	Short Name	파일/폴더명 짧게 표기, 이름의 크기에 따라 다름

	00 08	01 09	02 0A	03 0B	04 0C	05 0D	06 0E	07 0F
0x00	Block Size		Type		File Size			
0x08	Modification Time				Type			
0x10	Short Name(As. Size)							

값 데이터(V):

```
00000000   60 00 31 00 00 00 00 00   `.1.....
00000008   FC 52 06 06 10 00 4E 45   üR....NE
00000010   57 46 49 4C 7E 31 00 00   WFIL~1..
00000018   48 00 09 00 04 00 EF BE   H.....ï¾
```

Block Size   : 0x60 = 60byte

Type   : 0x31 = 폴더

File Size   : 0x00 = 0*4byte(폴더이기 때문)

Modification Time : 0x60652FC

Extension Block

범위(Hex)	크기(Btye)	이름	설명
0x18 ~ 0x19	2	Extension Block Size	익스텐션 블록 크기
0x1A ~ 0x1B	2	Version	
0x1C ~ 0x1F	4	Signature	0xBEEF0004
0x20 ~ 0x23	4	Create Time	생성시간
0x24 ~ 0x27	4	Last Access Time	마지막 접근시간
0x28 ~ 0x2B	4	Identifier	0x2E (Windows 8.1, Windows 10)
0x2C ~ 0x2F	4	MFT Entry Number	
0x30 ~ 0x31	2	Reserved Area	예약 영역
0x32 ~ 0x33	2	MFT Sequence Number	
0x34 ~ 0x41	14	Reserved Area	예약 영역
0x42 ~ 0x45	4	Checksum	각각 파일/폴더의 고윳값
0x46 ~ 0x--	가변적	File Name	파일/폴더명 표기, 이름의 크기에 따라 다름
0x-- ~ +0x4	4	Extension Block Offset	

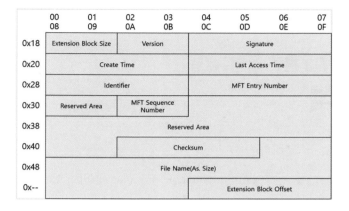

	00	01	02	03	04	05	06	07
	08	09	0A	0B	0C	0D	0E	0F
0x18	Extension Block Size		Version		Signature			
0x20	Create Time				Last Access Time			
0x28	Identifier				MFT Entry Number			
0x30	Reserved Area		MFT Sequence Number					
0x38	Reserved Area							
0x40	Checksum							
0x48	File Name(As. Size)							
0x--	Extension Block Offset							

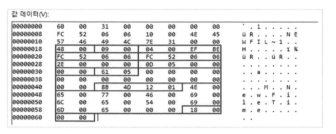

값 데이터(V):

```
00000000    60 00 31 00 00 00 00 00    ` . 1 . . . . .
00000008    FC 52 06 06 10 00 4E 45    ü R . . . . N E
00000010    57 46 49 4C 7E 31 00 00    W F I L ~ 1 . .
00000018    48 00 09 00 04 00 EF BE    H . . . . . ï ¾
00000020    FC 52 06 06 FC 52 06 06    ü R . . ü R . .
00000028    2E 00 00 00 0D 05 00 00    . . . . . . . .
00000030    00 00 61 05 00 00 00 00    . . a . . . . .
00000038    00 00 00 00 00 00 00 00    . . . . . . . .
00000040    00 00 8B 4D 12 01 4E 00    . . . M . . N .
00000048    65 00 77 00 46 00 69 00    e . w . F . i .
00000050    6C 00 65 00 54 00 69 00    l . e . T . i .
00000058    6D 00 65 00 00 00 18 00    m . e . . . . .
00000060    00 00                      . .
```

2021-07-28 00:48:12 +09:00 → 2021-07-28 09:48:10(반올림으로 인한 오차)

CHAPTER 4

Printer Spooler
분석

• • • • 스풀(Spool)이란 Simultaneous Peripheral Operation On-Line의 줄임말로서 중앙처리장치(CPU)에 비해 프린터 같은 주변장치의 속도가 느려서 발생하는 대기시간을 줄이기 고안된 기법입니다. CPU가 프린터 출력을 직접 제어한다면 프린터의 인쇄 작업이 끝날 때까지 다른 일을 할 수 없습니다. 그러므로 프린터로 전송될 데이터를 하드디스크에 저장하고 필요할 때마다 조금씩 프린터로 보내주는 동안 CPU는 다른 일을 처리할 수 있어 CPU 사용효율을 향상시킬 수 있습니다.[68,69,70]

프린터로 인쇄를 시작하게 되면 자동으로 스풀하는 목적으로 디스크에 파일 형태로 저장하게 됩니다. 경로는 아래와 같이 레지스트리에서 확인 가능하며 HKEY_LOCAL_MACHINE\SYSTEM\ControlSet001\Control\Print\Printers

DefaultSpoolDirectory 내 값을 변경하여 경로를 변경할 수 있습니다.

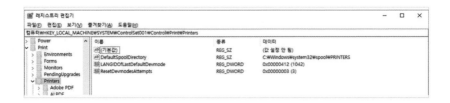

보통 스풀파일 저장 경로 c:\windows\system32\spool\PRINTERS 입니다.

인쇄할 때마다 생성되는 스풀파일은 2개입니다. SHD 확장자와 SPL 확장자를 가지는 2개의 파일이 생성됩니다.

- SHD(Shadow File)
   인쇄정보(사용자명, 프린터명, 출력파일명, 크기 등)
- SPL(Spool File)
   스풀링데이터로서 실제 출력하는 데이터로 RAW, EMF 2가지 형식이 있습니다.
   RAW포맷 : 원시데이터로 전달하는 방식으로 장치에 따라 다릅니다.
   EMF포맷 : Enhanced Metafile Format의 약자로 윈도의 GDI 함수에 의해 생성되며 장치에 독립적입니다.

SPL

문서의 인쇄 작업이 끝나면 만들어진 스풀데이터인 spl, shd 파일은 자동적으로 삭제됩니다. 삭제된 스풀파일은 하드디스크의 미할당(Unallocated) 영역과 페이징파일에서 복구할 수 있으므로 복구하여 인쇄된 문서를 알아낼 수 있습니다. 페이징파일은 실제 메모리보다 더 많은 메모리가 필요한 경우 느리지만 하드디스크를 가상 메모리처럼 이용되는 파일입니다. 멀티태스킹을 하는 중에 현재 실행되는 프로그램은 실제 메모리를 이용하고, 백그라운드에서 실행되는 프로그램들은 가상 메모리로 이동하여 속도를 높이는 방법에서 쓰입니다. pagefile.sys과 swapfile.sys는 윈도 운영체제에서 자동으로 관리되는 페이징파일이며 크기는 10기가바이트가 넘기도 합니다.

SPL 문서는 encase 같은 포렌식분석툴을 이용하여 내용 등을 확인 가능하며 또한 freeware인 SPLviewer를 이용하여 내용을 알아낼 수 있습니다.

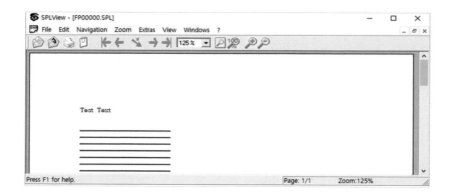

기본적인 스풀 모드는 RAW 방식이며 프린터 속성에서 RAW 및 EMF 방식을 설정할 수 있습니다.

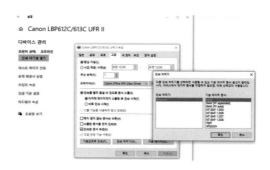

Window Version	Signature
Windows 98	0x494B
Windows NT	0x4966
Windows 2000	0x4967
Windows 2003	0x4968
Windows 10	0x5123

범위(Hex)	크기(Btye)	이름	설명
0x00 ~ 0x03	4	SpoolShadowFileFormat	Win10 : 0x5123
0x04 ~ 0x07	4	HeaderSize	
0x08 ~ 0x09	2	Status	
0x0A ~ 0x0B	2	Padding	
0x0C ~ 0x0F	4	JobID	
0x10 ~ 0x17	8	Priority	
0x18 ~ 0x1F	8	OffsetUserName	
0x20 ~ 0x27	8	Offset_NotifyName	
0x28 ~ 0x2F	8	Offset_DocumentName	
0x30 ~ 0x37	8	Offset_Port	
0x38 ~ 0x3F	8	Offset_PrinterName	
0x40 ~ 0x47	8	Offset_DriverName	
0x48 ~ 0x4F	8	Offset_DEVMODE	
0x50 ~ 0x57	8	Offset_PrintProcessorName	
0x58 ~ 0x5F	8	Offset_DataType	
0x68 ~ 0x69	2	Year	
0x6A ~ 0x6B	2	Month	
0x6C ~ 0x6D	2	Day of week	
0x6E ~ 0x6F	2	Day	
0x70 ~ 0x71	2	Hour	
0x72 ~ 0x73	2	Minute	
0x74 ~ 0x75	2	Second	
0x76 ~ 0x77	2	Millisecond	
0x80 ~ 0x83	4	StartTime	
0x84 ~ 0x87	4	EndTime	
0x88 ~ 0x8F	8	SpoolFileSize	
0x90 ~ 0x97	8	PageCount	

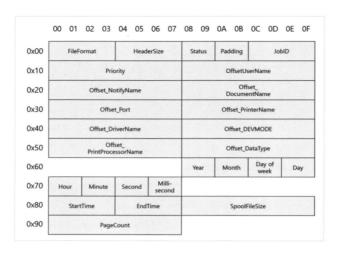

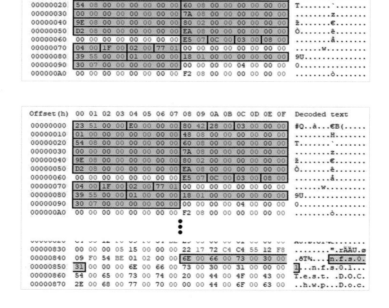

문서를 인쇄한 사용자

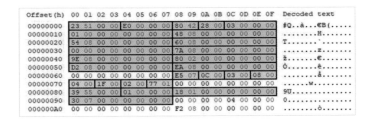

문서를 인쇄한 시각

0x7E5 = 2021 년 / 0xC = 12 월 / 0x3 = 수요일 / 0x8 = 8일 /

0x4 -> 4+9 = 13 시 / 0x1F = 31 분 / 0x2 = 2 초 / 0x177 = 375"

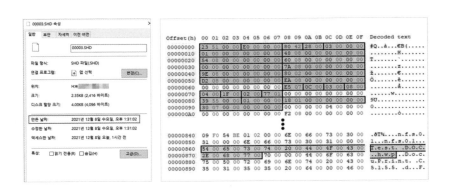

인쇄한 문서의 파일 이름

```
Offset(h)  00 01 02 03 04 05 06 07 08 09 0A 0B 0C 0D 0E 0F   Decoded text

00000000   23 51 00 00 E0 00 00 00 80 42 28 00 03 00 00 00   #Q..à...€B(.....
00000010   01 00 00 00 00 00 00 00 48 08 00 00 00 00 00 00   ........H......
00000020   54 08 00 00 00 00 00 00 60 08 00 00 00 00 00 00   T.......`.......
00000030   00 00 00 00 00 00 00 00 7A 08 00 00 00 00 00 00   ........z.......
00000040   9E 08 00 00 00 00 00 00 80 02 00 00 00 00 00 00   ž.......€.......
00000050   D2 08 00 00 00 00 00 00 EA 08 00 00 00 00 00 00   Ò.......ê.......
00000060   00 00 00 00 00 00 00 00 E5 07 0C 00 03 00 08 00   ........å.......
00000070   04 00 1F 00 02 00 77 01 00 00 00 00 00 00 00 00   ......w.........
00000080   39 55 00 00 01 00 00 00 18 01 00 00 00 00 00 00   9U..............
00000090   30 07 00 00 00 00 00 00 00 00 00 00 04 00 00 00   0...............
000000A0   00 00 00 00 00 00 00 00 F2 08 00 00 00 00 00 00   ........ò.......
                                   ⋮
00000850   31 00 00 00 6E 00 66 00 73 00 30 00 31 00 00 00   1...n.f.s.0.1...
00000860   54 00 65 00 73 00 74 00 20 00 44 00 4F 00 43 00   T.e.s.t. .D.O.C.
00000870   2E 00 68 00 77 00 70 00 00 00 44 00 6F 00 63 00   ..h.w.p...D.o.c.
00000880   75 00 50 00 72 00 69 00 6E 00 74 00 20 00 43 00   u.P.r.i.n.t. .C.
00000890   35 00 31 00 35 00 35 00 20 00 64 00 00 00 46 00   5.1.5.5. .d...F.
000008A0   58 00 20 00 58 00 50 00 53 00 20 00 43 00 6F 00   X. .X.P.S. .C.o.
```

인쇄한 프린터기의 이름

USB 장치분석

. . .　　USB드라이브는 점점 용량이 커지고 소형화되어 많은 사람들이 사용하는 이동형 저장매체가 되었습니다. 그러한 이유로 USB를 이용한 악성코드 감염, 비밀 데이터의 유출사고에 USB매체가 연결되었던 시스템분석이 필요한 경우가 발생하고 있습니다. USB드라이브를 윈도시스템에 연결시키면 다양한 아티팩트가 setupapi.dev.log와 레지스트리에 남게 됩니다.

5.1.　USB 인식절차

USB 인식절차는 아래 그림과 같습니다. USB매체가 시스템에 연결되면 버스드라이버는 PnP 관리자에게 고유식별정보(제조사, 일련번호 등)를 전달하고 Kernal Mode PnP 관리자는 레지스트리에서 해당 정보에 맞는 드라이버 설치 여부를 확인하여 설치되어있지 않으면 장치 펌웨어에게 드라이버를 요청하여 User Mode PnP 관리자는 전송된 드라이버를 설치합니다. 드라이버의 설치 후 USB를 시스템에 마운트하고 레지스트리와 이벤트 로그에 관련 정보를 기록합니다.[71,72,73,74,75]

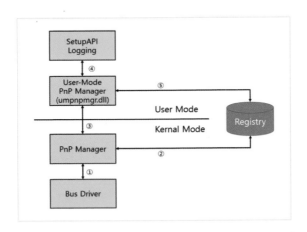

1) Bus Driver가 PnP Manager에 장치 고유식별정보를 보내 장치 연결을 알림

   식별정보(Device Descriptor) : 제조사, 일련번호 등

2) Kernel-Mode PnP Manager는 전달받은 정보를 기반으로 Device Class ID를 구성하고 레지스트리에서 ID에 맞는 적절한 드라이버가 시스템에 설치되어있는지 확인

3) 드라이버가 있으면 로드, 없으면 Kernel-Mode PnP Manager는 장치 펌웨어에게 드라이버 요청, 전달받은 드라이버를 User-Mode PnP Manager에 전달

4) User-Mode PnP Manager는 전달받은 드라이버를 설치하고 레지스트리에 기록

> HKLM\SYSTEM\ControlSet00#\Enum\USB\{Vendor ID & Product ID}\{Serial Number}

외부장치에 대한 기록

HKLM\SYSTEM\ControlSet00#\Enum\USBSTOR\{Device Class ID}\{Serial Number}\Properties

외부저장장치에 대한 기록

HKLM\SYSTEM\ControlSet00#\Enum\SWD\WPDBUSENUM
(Windows 10)
HKLM\SYSTEM\ControlSet00\Enum\WpdbusEnumroot\UMB
(Windows 7)
HKLM\SYSTEM\ControlSet00#\Control\DeviceClasses\{10497B1B-BA51-44E5-8318-A65C837B6661}(WpdBusEnumRoot GUIDs)

WpdBusEnumGUID 기록, 최초연결시각, 수정되지 않음

HKLM\SYSTEM\ControlSet00#\Control\DeviceClasses\{53F56307-B6BF-11D0-94F2-00A0C91EFB8B}(Disk GUIDs)

Disk Guid 기록, 부팅 후 연결시간

HKLM\SYSTEM\ControlSet00#\Control\DeviceClasses\{53F5630D-B6BF-11D0-94F2-00A0C91EFB8B}(Volume GUIDs)

HKLM\SYSTEM\ControlSet00#\Control\DeviceClasses\{6AC27878-A6FA-4155-BA85-F98F491D4F33}(Portable Device GUIDs)

HKLM\SYSTEM\ControlSet00#\Control\DeviceClasses\{A5DCBF10-6530-11D2-901F-00C04FB951ED}(USB GUIDs)

5) 장치 드라이버 설치 과정은 로그파일에도 기록됨

Windows Vista/7/8/10 : %SystemRoot%\inf\Setupapi.dev.log

6) 드라이버 설치가 완료되면 USB 장치를 시스템에 마운트하고 관련 정보를 레지스트리와 이벤트 로그에 기록

HKLM\SYSTEM\MountedDevices

HKLM\SOFTWARE\Microsoft\Windows NT\CurrentVersion\EMDMgmt\{Device Entry}

HKLM\SOFTWARE\Microsoft\Windows Portable Devices\Devices\{Device Entry}

HKU\{USER}\SOFTWARE\Microsoft\Windows\CurrentVersion\Explorer\MountPoint2

%SystemRoot%\System32\winevt\Logs\Microsoft-Windows-DriverFrameworks-UserMode%4Operational.evtx

7) 장치가 연결 해제되면 관련 정보를 이벤트 로그에 기록

%SystemRoot%\System32\winevt\Logs\Microsoft-Windows-
DriverFrameworks-UserMode%4Operational.evtx

5.2. USB 흔적 추적하기

연결된 USB드라이브를 분석하는 데 편리한 프리웨어 도구는 USBDeview
입니다. https://www.nirsoft.net에서 다운로드 가능하고 레지스트리 전반에
분산된 정보를 한눈에 볼 수 있게 구성되었습니다.

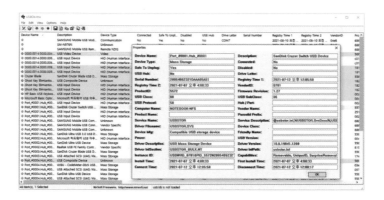

Vendor Product Version ,VID and PID, SerialNumber, GUID, Drive letter
of the USB 등을 확인 가능합니다.

여기에서 SerialNumber는 모델이 같은 USB드라이버에도 Serial번호가
다르므로 증거 조사에 유용합니다. USB Drive 제조 시 Unique한 시리얼번호
를 플래시 내에 저장하여 생산하면 마이크로소프트에서 Window Logo(인증)

를 받을 수 있습니다. 그러나 저가용 중국산 USB Drive 중에는 시리얼번호가 없는 경우도 있습니다. 이런 경우 PnP 매니저는 자동으로 Unique한 시리얼번호를 생성(Instance ID)하여 부여합니다. 예를 들어 8&24f305a37&0 생성되는데 2번째 위치에 &가 있으면 인스턴스 ID입니다.

5.3. 수동으로 USB 흔적 확인하는 법

로그파일과 레지스트리를 확인하면 다음과 같은 흔적을 알 수 있습니다.

① Device Class Identifier
② Unique Instance Identifier (include Serial Number)
③ Vendor Name & Identifier
④ Product Name & Identifier
⑤ Volume Label
⑥ Driver Letter
⑦ Volume Serial Number
⑧ Username
⑨ Volume GUID
⑩ First Connection Time
⑪ First Connection Time After Booting
⑫ Last Connection

1) 장치 클래스 ID(Device Class Identifier)

HKLM\SYSTEM\ControlSet00#\Enum\USBSTOR\{Device Class ID}\{Sub Keys}

① Vender Name   : SanDisk

② Product Name   : Cruzer_Blade

③ Version   : 1.00

2) 고유 인스턴스 ID(Unique Instance Identifier)

같은 제조사의 같은 제품일지라도 모두 다른 값을 가짐

인스턴스 ID : {Serial Number}&#

HKLM\SYSTEM\ControlSet00#\Enum\USBSTOR\{Device Class ID}\

인스턴스 ID   : 4C530000050415110140&0

Serial Number : 4C530000050415110140

3) 제조사 ID와 제품 ID(Vender ID & Product ID)

VID_{Vender ID}&PID_{Product ID}

HKLM\SYSTEM\Controlset00#\Enum\USB\

Vender ID   : 0x0781

Product ID   : 0x5567

4) 볼륨 레이블과 드라이브 문자(Volume Label & Drive Letter)

HKLM\SOFTWARE\Microsoft\Windows Portable Devices\Devices\

드라이브 문자 : E:\

볼륨 레이블 : NTFS

5) 볼륨 시리얼번호(Volume Serial Number)

3.2 참조

6) 사용자명과 볼륨 GUID(Username & Volume GUID)

다중 사용자가 사용하는 윈도시스템의 경우, 어떤 사용자에 의해 USB가
마운트되었는지 알 필요가 있습니다.

HKLM\SYSTEM\MountedDevices\

7) 최초 연결시각(First Connection Date/Time)

USB를 처음 연결한 시점은 드라이버 설치 로그파일을 확인하면
정확하게 알 수 있습니다.

%SystemRoot%\inf\Setupapi.dev.log

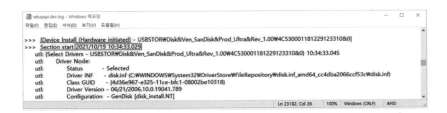

- 레지스트리(REGA를 통해 확인)

HKLM\SYSTEM\ControlSet00#\Control\DeviceClasses\{10497b1b-ba51-44e5-8318-a65c837b6661}\{Sub Keys}

HKLM\SOFTWARE\Microsoft\Windows Portable Devices\Devices\{Device Entry}

8) 부팅 후 최초 연결시각(First Connection Time After Booting)

컴퓨터가 부팅된 후 레지스트리값을 수정하고 다시 재부팅 할 때까지 값을 수정하지 않는 레지스트리가 있습니다. 이를 이용하여 부팅 후 최초 연결시간을 알 수 있습니다.

- 레지스트리(REGA를 통해 확인)

HKLM\SYSTEM\ControlSet00#\Control\DeviceClasses\{53F56307-B6BF-11D0-94F2-00A0C91EFB8B}\{Sub Keys}

HKLM\SYSTEM\ControlSet00#\Control\DeviceClasses\{53F5630D-

B6BF-11D0-94F2-00A0C91EFB8B}\{Sub Keys}

HKLM\SYSTEM\ControlSet00#\Control\DeviceClasses\{6AC27878-A6FA-4155-BA85-F98F491D4F33}\{Sub Keys}

HKLM\SYSTEM\ControlSet00#\Control\DeviceClasses\{A5DCBF10-6530-11D2-901F-00C04FB951ED}\{Sub Keys}

HKLM\SYSTEM\ControlSet00#\Enum\WpdBusEnumRoot\UMB\{Device Entry}

9) 마지막 연결시각(Last Connection Time)

시스템과 USB가 마지막으로 연결된 시간입니다. 부팅 후 '최초' 연결시간과 '마지막' 연결시간은 다를 수 있습니다.

- 레지스트리(REGA를 통해 확인)

HKU\{USER}\Software\Microsoft\Windows\CurrentVersion\Explorer\MountPoints2\{Volume GUID}

CHAPTER 6

Volume Shadow Copy

. . . 시스템 복원은 과거의 특정 시점으로 시스템의 상태를 되돌리는 기능으로 핵심적인 시스템 파일을 백업해서 복원을 할 수 있게 하는 XP의 System Recovery Point 기능으로 도입되어 윈도 Vista부터는 스냅샷(수정된 정보만 저장) 기능 등으로 VSS(Volume Shadow Copy Service) 기능으로 확대되었습니다. 시스템 복원 기능은 운영체제 Windows ME 버전부터 존재하였으며 사용자가 마음대로 복원지점을 생성할 수 있습니다.[76,77,78,79]

VSC분석으로 아래와 같은 사항을 알 수 있습니다.
- 삭제된 파일을 복구하거나 삭제흔적 검출
- 설치 또는 제거된 프로그램 목록을 확인
- 악성코드 실행, 삭제흔적, 악의적인 드라이버 설치흔적

아래 레지스트리 경로들에서 VSS설정을 확인할 수 있으며 또한 백업되지 않아야 하는 파일들의 설정이 가능합니다.
- HKEY_LOCAL_MACHINE\System\CurrentControlSet\Services\VSS

- HKEY_LOCAL_MACHINE\System\CurrentControlSet\Control\
BackupRestore : FileNotToBackup : 백업하거나 복원하지 않아야 하는
파일과 디렉터리 설정

FileNotToSnapshot : 스냅샷에서 삭제되어야 하는 파일

KeysNotToRestore : 복원되지 않아야 하는 서브키와 값

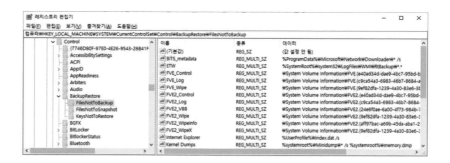

관리자 권한으로 cmd 창을 실행 후 vssadmin list shadows 명령어로
현재 보유 중인 VSC가 출력됩니다. 출력을 통해 해당 생성된 Shadow Copy
Volume과 생성일시를 확인할 수 있습니다.

vssadmin list shadows /for=c:

```
C:\Users\nfs01>vssadmin list shadows /for=c:
vssadmin 1.1 - 볼륨 섀도 복사본 서비스 관리 명령줄 도구
(C) Copyright 2001-2013 Microsoft Corp.

섀도 복사본 세트 ID의 콘텐츠: {67fda343-f3ca-48fd-b3ef-93105a7bbb2e}
   다음 작성 시간에 1 섀도 복사본 포함: 2021-12-17 오전 9:48:04
      섀도 복사본 ID: {0031b8e8-d834-4b70-bc49-c0f3349d20a4}
         원본 볼륨: (C:)\\?\Volume{6f64efea-d908-46d7-b96a-4b3dcfaad513}\
         섀도 복사본 볼륨: \\?\GLOBALROOT\Device\HarddiskVolumeShadowCopy9
         원본 컴퓨터: Notebook-nfs
         서비스 컴퓨터: Notebook-nfs
         공급자: 'Microsoft Software Shadow Copy provider 1.0'
         형식: ClientAccessibleWriters
         특성: Persistent, Client-accessible, No auto release, Differential, 자동 복구됨

C:\Users\nfs01>
```

mklink 명령어를 통해 링크폴더를 생성합니다.

여기서는 C:\vsc에 링크를 생성합니다.

mklink /d C:\vsc \\?\GLOBALROOT\Device\HarddiskVolumeSh
adowCopy1\

```
C:\Users\nfs01>mklink /d C:\vsc \\?\GLOBALROOT\Device\HarddiskVolumeShadowCopy9\
C:\vsc <<===>> \\?\GLOBALROOT\Device\HarddiskVolumeShadowCopy9\에 대한 기호화된 링크를 만들었습니다.

C:\Users\nfs01>
```

링크폴더 C:\vsc를 통해 VSC 접근할 수 있습니다.

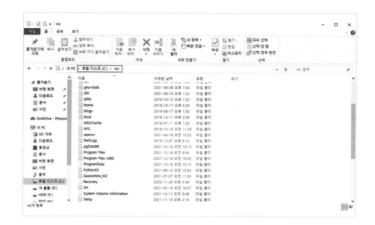

ShadowCopyView프로그램을 통해 vsc분석이 가능합니다.

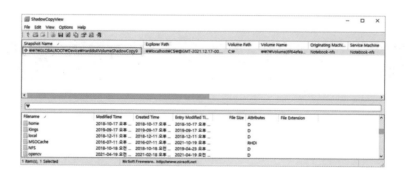

CHAPTER 7

프리패치(Prefetch)

7.1. 프리패치란?
7.2. 프리패치 분석하여 얻는 정보
7.3. 프리패치 파일구조

7.1. 프리패치란?

윈도시스템이 시작할 때 필수 파일들을 메모리에 읽어 로드하여야 실행이
됩니다. 또한 응용프로그램도 실행하려면 메모리에 필요한 실행코드와
리소스를 읽어야 실행됩니다. 부팅과 관련된 파일들은 모여있는 것이 아니고
하드디스크 여러 군데 분산되어있어 부팅속도를 늦게 하는 원인이 됩니다.
응용프로그램도 마찬가지입니다. 그러므로 부팅에 필요하거나 프로그램에
실행에 필요한 시스템 자원을 파일에 미리 저장을 해놓은 것이 프리패치이고
프로그램 실행 시 프리패치 파일에 저장된 정보를 메모리에 읽어 바로
실행하여 실행속도를 높일 수 있습니다. 윈도 XP부터 프리패치 기능이
지원되고 있습니다.[80,81,82,83]

레지스트리에서 프리패치설정을 통하여 사용 여부를 설정할 수 있습니다.

경로 : 컴퓨터\HKEY_LOCAL_MACHINE\SYSTEM\CurrentControlSet
\Control\Session Manager\Memory Management\PrefetchParameters

EnablePrefetcher값에 (0:비활성화, 1:응용프로그램 프리패칭만 사용, 2:부트프리패칭만
사용, 3:모두사용)

Prefetch File은 2가지가 존재하며 부트프리패치는 120초를 모니터링하고
응용프로그램프리패치는 10초를 모니터링한 후 관찰정보로 프리패치
파일을 생성합니다. 프리패치 최대 파일 수는 128개이며 최대치를 초과하면
가장 오래된 프리패치 파일을 삭제합니다. 확장자는 pf이며 파일명
규칙은 아래와 같습니다. Windows 10에서는 fast startup이 사용되면서
부트프리패치가 없습니다.

부트프리패치	NTSBOOT-BOODFAAD.pf
응용프로그램프리패치	파일명-파일경로해시.pf

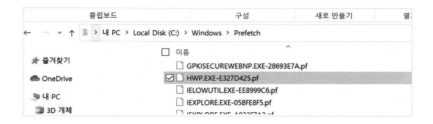

7.2. 프리패치 분석하여 얻는 정보

WinPrefetchView를 이용하여 프리패치정보를 얻을 수 있습니다.

(https://www.nirsoft.net/utils/win_prefetch_view.html에서 다운로드 가능)

부트프리패치 파일을 분석하여 악성코드 흔적을 찾을 수도 있으며 응용프로그램프리패치 파일을 분석하여 아래와 같은 정보를 얻을 수 있습니다.

1) 응용프로그램 정보(프로그램 이름, 프로그램 경로정보 등)

2) 응용프로그램 수행 횟수

3) 응용프로그램 마지막 수행시간

4) 응용프로그램 최초 수행시간(프리패치 생성시간)

5) 응용프로그램 수행 시 참조된 파일(파일수행에 필요한 DLL, INI 등의 경로)

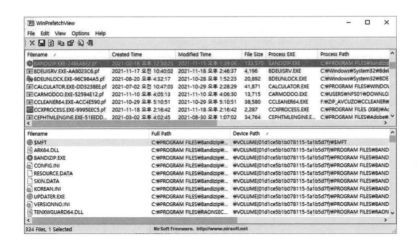

6) 응용프로그램이 수행된 볼륨(외부저장장치 사용 흔적)

Filename	Full Path	Device Path 외부 저장 장치
BANDIZIP.EXE		¥VOLUME{0000000000000000-6c63010e}¥BANDIZIP¥BANDIZIP.EXE
BCP47LANGS.DLL	C:¥Windows¥System32¥BCP4...	¥VOLUME{01d1ce5b1b078115-5a1b5d7f}¥WINDOWS¥SYSTEM32¥BC
BCP47MRM.DLL	C:¥Windows¥System32¥BCP4...	¥VOLUME{01d1ce5b1b078115-5a1b5d7f}¥WINDOWS¥SYSTEM32¥BC
BCRYPT.DLL	C:¥Windows¥System32¥bcryp...	¥VOLUME{01d1ce5b1b078115-5a1b5d7f}¥WINDOWS¥SYSTEM32¥BC
BCRYPTPRIMITIVES.DLL	C:¥Windows¥System32¥BCRY...	¥VOLUME{01d1ce5b1b078115-5a1b5d7f}¥WINDOWS¥SYSTEM32¥BC
C_1252.NLS	C:¥Windows¥System32¥C_12...	¥VOLUME{01d1ce5b1b078115-5a1b5d7f}¥WINDOWS¥SYSTEM32¥C_
C_1255.NLS	C:¥Windows¥System32¥C_12...	¥VOLUME{01d1ce5b1b078115-5a1b5d7f}¥WINDOWS¥SYSTEM32¥C_
CFGMGR32.DLL	C:¥Windows¥System32¥cfgm...	¥VOLUME{01d1ce5b1b078115-5a1b5d7f}¥WINDOWS¥SYSTEM32¥CF
CLBCATQ.DLL	C:¥Windows¥System32¥clbcat...	¥VOLUME{01d1ce5b1b078115-5a1b5d7f}¥WINDOWS¥SYSTEM32¥CL
COMBASE.DLL	C:¥Windows¥System32¥comb...	¥VOLUME{01d1ce5b1b078115-5a1b5d7f}¥WINDOWS¥SYSTEM32¥CO

7.3. 프리패치 파일구조

이전 버전과는 다르게 윈도 10에서는 프리패치 파일이 Xpress Huffman Algorithm으로 압축이 되어있습니다. 만약 처음 시작 부분이 MAM이면 압축이 되어있음을 알 수 있습니다.

만약 압축이 되어있으면 https://github.com/zelon88/xPress, w10pfdecomp

등 구글에서 xpress decompress로 찾아보면 많은 코드가 있으니 이를 통해
압축을 풀어 구조를 확인할 수 있습니다.

압축된 프리패치 파일

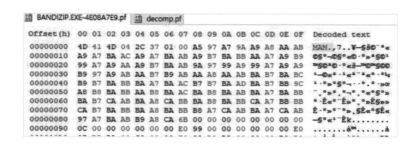

압축을 풀면 SCCA 시그니처가 관찰됩니다.

	00	01	02	03	04	05	06	07	08	09	0A	0B	0C	0D	0E	0F
0x00	PreFetcherVersion				Signature				Prefetcher Management				File Size			
0x10	Excutable File Name															
0x20																
0x30																
0x40												파일명이 58일 때	Pull Path Hash Value			
0x50	0x00000000				Section Info Offset				Num Sections				Page Info Offset			
0x60	Num Pages				File Name Info Offset				File Name Info Size				Metadata Info Offset			
0x70	Num Metadata Record				Metadata Info Size				Last Launch Time							
0x80	MinRe PreFetch Time								Minre Trace Time							
0x90	Num Launches				Sensitivity											

Address Range	Size	Field Name	Description
0x00 ~ 0x03	4byte	Prefetch Version	Windows XP : 0x11, Windows 7 : 0x17, Windows 8.1 : 0x1A, Windows 10 : 0x1E
0x04 ~ 0x07	4byte	Signature	Signature : "SCCA"
0x08 ~ 0x0B	4byte	Prefetch Management Service Version	Unknown (0x0000000f, 0x00000011)
0x0C ~ 0x0F	4byte	File Size	파일 크기
0x10 ~ 0x49	58byte	Executable File Name	파일 이름
0x4A ~ 0x4B	2byte	0x0000 with filename size 58 or higher	길이가 58byte를 넘을 경우 파일 이름 끝에 0x0000을 기록
0x4C ~ 0x4F	4byte	Full Path Hash Value	파일의 경로 해시값 〈FILENAME〉-〈PATHHASH〉.pf
0x50 ~ 0x53	4byte	0x00000000	0x00000000
0x54 ~ 0x57	4byte	File Metrics Array Info Offset	Section 정보의 위치
0x58 ~ 0x5B	4byte	Num File Metrics Array	Section의 개수
0x5C ~ 0x5F	4byte	Trace chains array Info Offset	Page 정보의 개수

0x60 ~ 0x63	4byte	Nun Trace chains array	Page의 개수
0x64 ~ 0x67	4byte	File Name Info Offset	파일 이름 정보의 위치
0x68 ~ 0x6B	4byte	File Name Info Size	파일 이름 정보의 크기
0x6C ~ 0x6F	4byte	Volumes Info Offset	메타데이터 정보의 위치
0x70 ~ 0x73	4byte	Num Volumes	메타데이터 정보의 개수
0x74 ~ 0x77	4byte	Volumes Info Size	메타데이터 정보의 크기
0x78 ~ 0x7F	8byte	Unknown	알 수 없음
0x80 ~ 0xBF	64byte	Last Launch Time	마지막 실행시간 8개
0xC0 ~ 0xC7	8byte	Unknown	알 수 없음
0xC8 ~ 0xCF	8byte	Run Count	실행 횟수
0xD0 ~ 0x--	--byte	Unknown	알 수 없음

```
🔲 BANDIZIP.EXE-4E08A7E9.pf   🔲 decomp.pf

Offset(h) 00 01 02 03 04 05 06 07 08 09 0A 0B 0C 0D 0E 0F  Decoded text
00000000  1E 00 00 00 53 43 43 41 11 00 00 00 2C 37 01 00  ....SCCA....,7..
00000010  42 00 41 00 4E 00 44 00 49 00 5A 00 49 00 50 00  B.A.N.D.I.Z.I.P.
00000020  2E 00 45 00 58 00 45 00 00 00 00 00 00 00 00 00  ..E.X.E.........
00000030  00 00 00 00 00 00 00 00 00 00 00 00 00 00 00 00  ................
00000040  00 00 00 00 00 00 00 00 00 00 00 00 E9 A7 08 4E  ............é§.N
00000050  00 00 00 00 28 01 00 00 82 00 00 00 68 11 00 00  ....(.......h...
00000060  B8 17 00 00 28 CF 00 00 10 4C 00 00 98 1B 01 00  ,...(Ï...L..˜...
00000070  03 00 00 00 94 1B 00 00 26 00 00 00 02 00 00 00  ....”...&.......
00000080  E7 19 4D C4 4C DC D7 01 23 8B EA 7E 45 DC D7 01  ç.MÄLÜ×.#<ê~EÜ×.
00000090  F3 DF D7 B4 44 DC D7 01 FF 42 3D AD 44 DC D7 01  óß×´DÜ×.ÿB=.DÜ×.
```

Prefetch Version : 0x1E로 윈도 10에서 작성되었음을 알 수 있습니다.

Signature : "SCCA"로서 프리패치임을 알 수 있습니다.

File Size : 파일 크기는 0x01372C임을 알 수 있습니다.

File Name : BANDIZIP.EXE임을 알 수 있습니다.

CHAPTER 8

슈퍼패치

앞에서 설명한 바와 같이 프리패치는 메모리에 로딩하여 속도를 높이는 기술입니다. 그러나 만약 메모리의 한계를 초과하면 메모리에 로딩된 프리패치는 페이징파일로 복사되게 되며 다시 이 프로그램이 실행할 때 페이징파일부터 로딩이 되므로 즉 이렇게 되면 파일을 다시 읽게 되므로 속도 저하가 발생합니다. 이런 단점을 보완하기 위해 윈도 Vista부터 슈퍼패치를 이용하여 사용자가 프로그램을 언제 사용하는지, 사용빈도 등 패턴을 기록, 추적하여 빈도수가 높은 자주 사용되는 프로그램의 프리패치가 페이징되면 이를 다시 메모리로 로딩하는 기능을 수행하여 속도를 개선하게 하는 기술입니다.[84,85,86]

슈퍼패치를 구동하기 위해서는 아래의 2가지를 설정해야 합니다.

1) 서비스(Services.msc)에 Superfetch 서비스를 구동시킵니다.

2) 레지스트리에 Superfetch를 활성화 시켜야 합니다.

경로 : 컴퓨터\HKEY_LOCAL_MACHINE\SYSTEM\CurrentControlSet
\Control\Session Manager\Memory Management\PrefetchParameters

EnableSuperfetch 값(0: 사용안함, 1: 부트 슈퍼패치 2: 응용프로그램 슈퍼패치, 3: 부트와 응용프로그램 둘 다 슈퍼패치)

슈퍼패치 파일은 프리패치와 같은 경로에 저장되며 파일명은 Ag로 시작하고 확장자는 '.db'이며 압축과 비압축 파일이 있습니다.

슈퍼패치분석을 통하여 메모리에 매핑된 파일 목록, 실행 프로세스명, 프로그램 경로, 실행 횟수, 프로그램 실행시간 등을 알 수 있습니다.

비 압축 파일 (TRX File)	AgAppLaunch.db
	AgRobust.db
	AgCx_SC[number].db
압축 파일	AgGlFaultHistory.db
	AgGlFgAppHistory.db
	AgGlGlobalHistory.db
	AgGIUAD_P_[SID].db
	AgGIUAD_[SID].db
	LongTemHist.db

슈퍼패치 분석도구는 Superfetchlist와 CrowdResponse 등이 있습니다.

- 구조분석

압축 파일

범위(Hex)	크기(Btye)	이름	설명
0x00 ~ 0x03	4	Signature	0x4D414D "MAM"
0x04 ~ 0x07	4	Total size of decompressed data	
0x08 ~ 0x0F	8	Checksum	
0x10 ~ 0x--	가변적	Compressed Data	

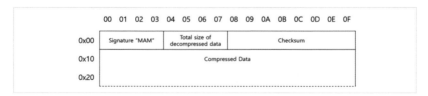

```
Offset(h) 00 01 02 03 04 05 06 07 08 09 0A 0B 0C 0D 0E 0F   Decoded text
00000000  4D 41 4D 84 1C 0C 09 00 0E B4 9A 63 54 76 77 88   MAM„......'šcTvw^
00000010  88 97 99 AA 98 98 AA A9 A9 A8 AA AA A9 B8 A9 AA   ^-™ª˜˜ª©©'ªª©.¸©ª
00000020  AA A8 9A B9 99 A8 B9 AA AA A8 BA BB 89 98 99 99   ª¨š¹™¨¹ªª¨º»‰˜™™
00000030  99 98 99 99 98 97 98 99 AA B8 B8 AA AA A8 AB BA   ™˜™™˜—˜™ª¸¸ªª¨«º
00000040  BA B8 BA BA BA A8 AA BB AA A8 BA AB A7 A8 BA BB   º¸ºººª¨»ª¨º«§¨º»
00000050  BA B8 AA BA B9 A8 BB BA 9A B8 B9 BA A9 B8 CA BA   º¸ªº¹¨»ºš¸¹º©¸Êº
00000060  AA B8 BA BA A9 A8 BA BA BA A8 AB BA A9 A8 BB BA   ª¸ºº©¨ºººª«º©¨»º
00000070  BB A8 CA BA BA A8 BA B9 BA B9 BA BA A9 B8 BC CB   »¨Êºº¨º¹º¹ºº©¸¼Ë
```

Signature : 시그니처(4D 41 4D 84), MAM으로서 압축되었음을 알 수 있습니다.

Total size of decompressed date 전체 비압축 크기는 0x090C1C임을 알 수 있습니다.

비압축 파일(TRX)

범위(Hex)	크기(Btye)	이름	설명
0x00 ~ 0x03	4	Magic Number	
0x04 ~ 0x07	4	Total Size	
0x08 ~ 0x0B	4	Header Size	
0x0C ~ 0x0F	4	FileType Parameters	
0x10 ~ 0x13	4	Param 1	
0x14 ~ 0x17	4	Param 2	
0x18 ~ 0x1B	4	Param 3	
0x1C ~ 0x1F	4	Param 4	
0x20 ~ 0x23	4	Param 5	
0x24 ~ 0x27	4	Param 6	
0x28 ~ 0x33	12	Param 7	
0x34 ~ 0x37	4	Count of volumes	
0x38 ~ 0x3B	4	Count of paths registered	
0x3C ~ 0x3F	4	Check condition verified	Check condition verified after the lecture process to ensure integrity of the data
0x40 ~ 0x43	4	Condition	Condition to do specific lecture operations

	00 01 02 03	04 05 06 07	08 09 0A 0B	0C 0D 0E 0F
0x00	Magic Number	Total Size	Header Size	FileType Parameters
0x10	Param 1	Param 2	Param 3	Param 4
0x20	Param 5	Param 6	Param 7	
0x30		Count of volumes	Count of path registered	Check condition verified
0x40	Condition			

```
Offset(h)  00 01 02 03  04 05 06 07  08 09 0A 0B  0C 0D 0E 0F   Decoded text

00000000   0F 00 00 00  38 9C 01 00  A8 00 00 00  0E 00 00 00   ....8œ..¨.......
00000010   48 00 00 00  70 00 00 00  90 00 00 00  10 00 00 00   H...p...........
00000020   10 00 00 00  10 00 00 00  10 00 00 00  00 00 00 00   ................
00000030   00 00 00 00  02 00 00 00  D6 00 00 00  00 00 00 00   ........Ö.......
00000040   B2 00 00 00  E2 D6 00 00  05 00 00 00  00 00 00 00   ²...âÖ..........
00000050   78 05 FB 39  E4 01 00 00  D8 50 FB 39  E4 01 00 00   x.û9ä...ØPû9ä...
00000060   78 32 FB 39  E4 01 00 00  48 1A FB 39  E4 01 00 00   x2û9ä...H.û9ä...
00000070   A5 00 00 00  0D 00 00 00  48 79 F0 35  E4 01 00 00   ¥.......Hyð5ä...
```

Total Size : 전체 크기는 0xA6임을 알 수 있습니다.

Header Size : 헤더 크기는 0x0E임을 알 수 있습니다.

CHAPTER 9.

Link File

9.1. LNK File Structure

9.2. ShellLinkHeader구조

9.3. LinkTargetIDList구조

9.4. LinkInfo구조

IV

윈도 포렌식

. . . LNK 파일은 링크파일이라고 불리며 윈도 운영체제에서 응용프로그램, 디렉터리, 파일, 문서 등의 객체를 참조하는 바로가기 파일입니다. Windows Shortcut, Shell Link라고도 불립니다. 링크파일은 사용자가 직접 생성할 수도 있으며 윈도 운영체제 설치 시 바탕화면에 내 컴퓨터, 휴지통, 최근문서 등의 바로가기 파일이 생성됩니다. 또한 사용자가 파일이나 폴더를 엑세스할 경우 자동으로 링크파일이 생성됩니다. 따라서 사용자가 최근 접근한 파일과 폴더를 알 수 있어 자료유출분석에 있어 매우 유용한 아티팩트입니다. 또한 로컬에서 삭제되어 더 이상 존재하지 않은 경우에도 LNK 파일이 남아있어[87] 원본파일의 존재 여부를 알 수 있는 경우가 있습니다.[88,89]

LNK 파일은 아래와 같은 폴더에 저장됩니다.

바탕화면(Desktop) 폴더

C:\Users\〈user name〉\Desktop

최근문서(Recent) 폴더

 C:\Users\user name\AppData\Roaming\Microsoft\Windows\Recent

빠른실행(QuickLaunch) 폴더

C:\Users\\user name\AppData\Roaming\Microsoft\Internet Explorer\
Quick Launch

링크파일분석으로 알 수 있는 정보는 아래와 같습니다.

- 원본파일시스템 경로

- 원본파일과 LNK 파일 타임스탬프

- 원본파일의 크기

- 원본파일속성(예 : 읽기 전용, 숨김, 아카이브 등)

- 시스템 이름, 볼륨 이름, 볼륨 일련번호

- 로컬 또는 MAC 주소대상이 저장된 원격시스템에 저장 여부

LinkParser를 사용하면 GUI 형태로 링크파일을 분석할 수 있습니다.

기본적으로 5개의 구조체로 이루어져 있는데, 각각의 Link File마다 다
다르게 존재합니다.[90]

https://github.com/silascutler/LnkParse

ShellLinkHeader(default) : 기본적인 헤더로 식별정보, 시간 정보, 대상
파일 크기, 대상 파일 특성 등의 정보가 저장됩니다.

LinkTargetIDList(optional) : ShellLinkHeader의 HasLinkTargetIDList
플래그가 설정되어있을 때만 존재하는 구조로, 링크된 대상의 다양한
정보를 리스트 형태로 구성해놓은 구조입니다.

LinkInfo(optional) : ShellLinkHeader의 HasLinkInfo 플래그가 설정되어있을
때만 존재하는 구조로 링크 대상을 참조하기 위한 정보를 가진
구조입니다.

StringData(optional) : 역시나 링크 대상의 문자열 정보(이름, 상대경로,
작업디렉터리 등)를 저장하는 구조로 ShellLinkHeader에 관련된 플래그가
설정되어있을 때만 존재합니다.

ExtraData(optional) : 링크 대상의 화면 표시 정보, 문자열 코드페이지,
환경 변수와 같은 추가적인 정보저장을 위한 구조입니다.

```
Offset(h)  00 01 02 03 04 05 06 07 08 09 0A 0B 0C 0D 0E 0F   Decoded text

00000000   4C 00 00 00 01 14 02 00 00 00 00 00 C0 00 00 00   L...........À...
00000010   00 00 00 46 8B 00 00 00 20 00 00 00 7E 9C E3 B4   ...F‹... ...~œã´
00000020   61 64 D4 01 95 A6 31 B5 61 64 D4 01 00 E2 A7 E5   adÔ.•¦1µadÔ..â§å
00000030   B1 C7 D3 01 00 C6 04 00 00 00 00 00 01 00 00 00   ±ÇÓ..Æ..........
00000040   00 00 00 00 00 00 00 00 00 00 00 00 31 01 14 00   ............1...
00000050   1F 50 E0 4F D0 20 EA 3A 69 10 A2 D8 08 00 2B 30   .PàOÐ ê:i.¢Ø..+0
00000060   30 9D 19 00 2F 43 3A 5C 00 00 00 00 00 00 00 00   0.../C:\........
00000070   00 00 00 00 00 00 00 00 00 00 4A 00 31 00 00 00   ..........J.1...
00000080   00 00 00 4F 4D DD 43 10 00 00 64 65 76 00 38 00 09   ...OMÝC..dev.8..
00000090   00 04 00 EF BE 4F 4D 3A 43 4F 4D DD 43 2E 00 00   ...ï¾OM:COMÝC...
000000A0   00 3E F5 02 00 00 00 00 00 00 00 00 00 00 00 00   .>õ.............
000000B0   00 00 00 00 00 00 4E E7 F4 00 64 00 65 00 76   ......Nçô.d.e.v
000000C0   00 00 00 12 00 56 00 31 00 00 00 00 00 4F 4D 27   .....V.1.....OM'
000000D0   44 10 00 65 63 6C 69 70 73 65 00 40 00 09 00 04   D..eclipse.@....
000000E0   00 EF BE 4F 4D DD 43 4F 4D 27 44 2E 00 00 00 85   .ï¾OMÝCOM'D....…
000000F0   D2 04 00 00 00 08 00 00 00 00 00 00 00 00 00 00   Ò...............
00000100   00 00 00 00 00 D8 92 5A 00 65 00 63 00 6C 00 69   .....Ø'Z.e.c.l.i
00000110   00 70 00 73 00 65 00 00 00 16 00 62 00 32 00 00   .p.s.e.....b.2..
00000120   C6 04 00 7D 4C 34 B8 20 00 65 63 6C 69 70 73 65   Æ..}L4¸ .eclipse
00000130   2E 65 78 65 00 48 00 09 00 04 00 EF BE 4F 4D 26   .exe.H.....ï¾OM&
00000140   44 4F 4D 26 44 2E 00 00 00 29 7B 05 00 00 00 42   DOM&D....){....B
00000150   00 00 00 00 00 00 00 00 00 00 00 00 00 00 00 00   ................
00000160   00 00 00 65 00 63 00 6C 00 69 00 70 00 73 00 65   ...e.c.l.i.p.s.e
00000170   00 2E 00 65 00 78 00 65 00 00 00 1A 00 00 00 49   ...e.x.e.......I
00000180   00 00 00 1C 00 00 00 01 00 00 00 1C 00 00 00 2D   ............-
00000190   00 00 00 00 00 00 00 48 00 00 00 11 00 00 00 03   .......H........
000001A0   00 00 00 7F 5D 1B 5A 10 00 00 00 00 43 3A 5C 64   ....].Z.....C:\d
000001B0   65 76 5C 65 63 6C 69 70 73 65 5C 65 63 6C 69 70   ev\eclipse\eclip
000001C0   73 65 2E 65 78 65 00 00 32 00 2E 00 2E 00 5C 00   se.exe..2.....\.
000001D0   2E 00 2E 00 5C 00 2E 00 2E 00 5C 00 2E 00 2E 00   ...\...\...\..
000001E0   5C 00 2E 00 2E 00 5C 00 2E 00 2E 00 5C 00 2E 00   \...\...\...\..
000001F0   2E 00 5C 00 2E 00 2E 00 5C 00 2E 00 2E 00 5C 00   ...\...\...\..
00000200   64 00 65 00 76 00 5C 00 65 00 63 00 6C 00 69 00   d.e.v.\.e.c.l.i.
00000210   70 00 73 00 65 00 5C 00 65 00 63 00 6C 00 69 00   p.s.e.\.e.c.l.i.
00000220   70 00 73 00 65 00 2E 00 65 00 78 00 65 00 60 00   p.s.e..e.x.e.`.
00000230   00 00 03 00 00 A0 58 00 00 00 00 00 00 00 B1 E8   ..... X......±è
00000240   BF EB C1 F8 00 00 00 00 00 00 00 00 00 A0 19   ¿ëÁø......... .
00000250   03 8A 2A 5F 06 40 A1 8A 99 BE 8E 97 10 63 D2 42   .Š*_.@¡Š™¾Ž—.cÒB
00000260   F8 2B 1B D0 E8 11 9C BC 18 5E 0F E9 D4 EF A0 19   ø+.Ðè.œ¼.^.éÔï .
00000270   03 8A 2A 5F 06 40 A1 8A 99 BE 8E 97 10 63 D2 42   .Š*_.@¡Š™¾Ž—.cÒB
00000280   F8 2B 1B D0 E8 11 9C BC 18 5E 0F E9 D4 EF 45 00   ø+.Ðè.œ¼.^.éÔïE.
00000290   00 00 09 00 00 A0 39 00 00 00 31 53 50 53 B1 16   ..... 9...1SPS±.
000002A0   6D 44 AD 8D 70 48 A7 48 40 2E A4 3D 78 8C 1D 00   mD..pH§H@.¤=xŒ..
000002B0   00 00 68 00 00 00 00 00 48 00 00 00 EA EF 64 6F 08   ..h....H...êïdo.
000002C0   D9 D7 46 B9 6A 4B 3D CF AA D5 13 00 00 00 00 00   Ù×F¹jK=ÏªÕ......
000002D0   00 00 00 00 00 00 00 00                           .......
```

범위(Hex)	크기(Btye)	이름	설명
0x00 ~ 0x03	4	HeaderSize	헤더의 크기, 항상 0x4C(76)값
0x04 ~ 0x13	16	LinkCLSID	클래스 식별자, 항상 0x46000000000000 0C0000000000021401값
0x14 ~ 0x17	4	LinkFlags	링크 대상의 다양한 정보에 대한 플래그
0x18 ~ 0x1B	4	FileAttributes	링크 대상의 파일 특성 정보
0x1C ~ 0x23	8	CreationTime	링크 대상의 생성시간
0x24 ~ 0x2B	8	AccessTime	링크 대상의 접근시간
0x2C ~ 0x33	8	WriteTime	링크 대상의 쓰기시간
0x34 ~ 0x37	4	FileSize	링크 대상의 크기
0x38 ~ 0x3B	4	IconIndex	아이콘 인덱스
0x3C ~ 0x3F	4	ShowCommand	링크가 실행될 때 응용프로그램의 동작 모드
0x40 ~ 0x41	2	HotKey	핫키 정보(응용프로그램을 바로 실행하기 위한 키보드 조합)
0x42 ~ 0x43	2	Reserved1	예약된 필드(항상 0)
0x44 ~ 0x47	4	Reserved2	예약된 필드(항상 0)
0x48 ~ 0x4B	4	Reserved3	예약된 필드(항상 0)

	00	01	02	03	04	05	06	07	08	09	0A	0B	0C	0D	0E	0F
0x00	HeaderSize				LinkCLSID											
0x10					LinkFlags				FileAttributes				CreationTime			
0x20					AccessTime								WriteTime			
0x30					FileSize				IconIndex				ShowCommand			
0x40	Hotkey				Reserved											

```
Offset(h)  00 01 02 03 04 05 06 07 08 09 0A 0B 0C 0D 0E 0F  Decoded text
00000000   4C 00 00 00 01 14 02 00 00 00 00 00 C0 00 00 00  L...........À...
00000010   00 00 00 46 93 00 20 00 00 00 00 00 00 00 00 00  ...F".. .........
00000020   00 00 00 00 00 00 00 00 00 00 00 00 00 00 00 00  ................
00000030   00 00 00 00 00 00 00 00 00 00 00 00 01 00 00 00  ................
00000040   00 00 00 00 00 00 00 00 00 00 00 00 2F 01 14 00  ............/...
```

9.3. LinkTargetIDList구조

범위(Hex)	크기(Btye)	이름	설명
0x4C ~ 0x4D	2	IDListSize	ID List 크기
0x4E ~ 0xCD	128	IDListData	ID List 데이터 저장

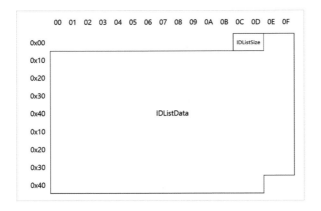

```
Offset(h)  00 01 02 03 04 05 06 07 08 09 0A 0B 0C 0D 0E 0F  Decoded text
00000040   00 00 00 00 00 00 00 00 00 00 00 00 2F 01 14 00  ............/...
00000050   1F 50 E0 4F D0 20 EA 3A 69 10 A2 D8 08 00 2B 30  .PàOÐ ê:i.¢Ø..+0
00000060   30 9D 19 00 2F 48 3A 5C 00 00 00 00 00 00 00 00  0.../H:\........
00000070   00 00 00 00 00 00 00 00 00 00 54 00 35 00 00 00  ..........T.5...
00000080   00 00 00 59 53 AE 23 10 00 45 CC 15 C8 AC B9 7E  ...YS®#..EÌ.È¬¹~
00000090   00 31 00 00 00 3A 00 09 00 04 00 EF BE 59 53 AE  .1...:.....ï¾YS®
000000A0   23 6A 53 00 78 2E 00 00 00 A0 0A 80 00 00 00 00  #jS.x.... .€....
000000B0   00 00 00 00 00 00 00 00 00 00 00 00 00 00 00 00  ................
000000C0   00 00 00 45 CC 20 00 15 C8 AC B9 00 00 1A 00 58  ...EÌ ..È¬¹....X
```

9.4. LinkInfo구조

범위(Hex)	크기(Btye)	이름	설명
0x00 ~ 0x03	4	LnkInfoSize	LnkInfo 구조체 크기
0x04 ~ 0x07	4	LnkInfoHeaderSize	LnkInfo Header Section 크기, 일반적으로 0x0000001C
0x08 ~ 0x0B	4	LnkInfoFlags	LnkInfo 플래그
0x0C ~ 0x0F	4	VolumeIDOffset	Volume ID 위치
0x10 ~ 0x13	4	LocalBasePathOffset	Local 경로 위치
0x14 ~ 0x17	4	CommonNetworkRelativeLnkOffset	Network Volume Info 위치
0x18 ~ 0x1B	4	CommonPathSuffixOffset	CommonPathSuffix 위치
0x1C ~ 0x26	11	Volume ID	Volume ID
0x27 ~ 0x30	10	LocalBasePath	Local 경로
0x31 ~ 0x31	1	CommonPathSuffix	링크 대상의 전체 경로를 구성하는 데 사용되는 페이지
0x32 ~ 0x35	4	CommonNetworkRelativeLinkSize	Network Volume 크기
0x36 ~ 0x39	4	CommonNetworkRelativeLinkFlags	Network Volume 플래그
0x3A ~ 0x3D	4	NewNameOffet	유저 정보 위치
0x3E ~ 0x41	4	DeviceNameOffset	실제 파일 위치
0x42 ~ 0x45	4	NetworkProviderType	타입
0x46 ~ 0x55	16	NetName	유저 정보(가변적)
0x56 ~ 0x81	44	DeviceName	실제 파일의 위치 경로 (가변적)

```
Offset(h)  00 01 02 03 04 05 06 07 08 09 0A 0B 0C 0D 0E 0F   Decoded text

00000000   4C 00 00 00 01 14 02 00 00 00 00 00 C0 00 00 00   L...........À...
00000010   00 00 00 46 8B 00 00 00 20 00 00 00 7E 9C E3 B4   ...F<... ...~œã´
00000020   61 64 D4 01 95 A6 31 B5 61 64 D4 01 00 E2 A7 E5   adÔ.•¦1µadÔ..â§å
00000030   B1 C7 D3 01 00 C6 04 00 00 00 00 00 01 00 00 00   ±ÇÓ..Æ..........
00000040   00 00 00 00 00 00 00 00 00 00 00 00 31 01 14 00   ............1...
00000050   1F 50 E0 4F D0 20 EA 3A 69 10 A2 D8 08 00 2B 30   .PàOÐ ê:i.¢Ø..+0
00000060   30 9D 19 00 2F 43 3A 5C 00 00 00 00 00 00 00 00   0.../C:\........
00000070   00 00 00 00 00 00 00 00 00 00 4A 00 31 00 00 00   ..........J.1...
00000080   00 00 00 4F 4D DD 43 10 00 64 65 76 00 38 00 09   ...OMÝC..dev.8..
00000090   00 04 00 EF BE 4F 4D 3A 43 4F 4D DD 43 2E 00 00   ...ï¾OM:COMÝC...
000000A0   00 3E F5 02 00 00 00 00 00 00 00 00 00 00 00 00   .>õ.............
000000B0   00 00 00 00 00 00 00 4E E7 F4 00 64 00 65 00 76   .......Nçô.d.e.v
000000C0   00 00 00 00 12 00 56 00 31 00 00 00 00 00 4F 4D 27   .....V.1.....OM'
000000D0   44 10 00 65 63 6C 69 70 73 65 00 40 00 09 00 04   D..eclipse.@....
000000E0   00 EF BE 4F 4D DD 43 4F 4D 27 44 2E 00 00 00 85   .ï¾OMÝCOM'D....…
000000F0   D2 04 00 00 00 08 00 00 00 00 00 00 00 00 00 00   Ò...............
00000100   00 00 00 00 00 D8 92 5A 00 65 00 63 00 6C 00 69   .....Ø'Z.e.c.l.i
00000110   00 70 00 73 00 65 00 00 00 16 00 62 00 32 00 00   .p.s.e.....b.2..
00000120   C6 04 00 7D 4C 34 B8 20 00 65 63 6C 69 70 73 65   Æ..}L4¸ .eclipse
00000130   2E 65 78 65 00 48 00 09 00 04 00 EF BE 4F 4D 26   .exe.H.....ï¾OM&
00000140   44 4F 4D 26 44 2E 00 00 00 29 7B 05 00 00 00 42   DOM&D....){....B
00000150   00 00 00 00 00 00 00 00 00 00 00 00 00 00 00 00   ................
00000160   00 00 00 65 00 63 00 6C 00 69 00 70 00 73 00 65   ...e.c.l.i.p.s.e
00000170   00 2E 00 65 00 78 00 65 00 00 1A 00 00 00 49     ...e.x.e.......I
00000180   00 00 00 1C 00 00 00 01 00 00 00 1C 00 00 00 2D   ...............-
00000190   00 00 00 00 00 00 00 48 00 00 00 11 00 00 00 03   .......H........
000001A0   00 00 00 7F 5D 1B 5A 10 00 00 00 00 43 3A 5C 64   ....].Z.....C:\d
000001B0   65 76 5C 65 63 6C 69 70 73 65 5C 65 63 6C 69 70   ev\eclipse\eclip
000001C0   73 65 2E 65 78 65 00 00 32 00 2E 00 5C 00 2E 00   se.exe..2...\...
000001D0   2E 00 2E 00 5C 00 2E 00 2E 00 5C 00 2E 00 2E 00   ....\.....\.....
000001E0   5C 00 2E 00 2E 00 5C 00 2E 00 2E 00 5C 00 2E 00   \...\.....\.....
000001F0   2E 00 5C 00 2E 00 2E 00 5C 00 2E 00 2E 00 5C 00   ..\.....\.....\.
00000200   64 00 65 00 76 00 5C 00 65 00 63 00 6C 00 69 00   d.e.v.\.e.c.l.i.
00000210   70 00 73 00 65 00 5C 00 65 00 63 00 6C 00 69 00   p.s.e.\.e.c.l.i.
00000220   70 00 73 00 65 00 2E 00 65 00 78 00 65 00 60 00   p.s.e...e.x.e.`.
00000230   00 00 03 00 00 A0 58 00 00 00 00 00 00 00 B1 E8   ..... X.......±è
00000240   BF EB C1 F8 00 00 00 00 00 00 00 00 00 00 A0 19   ¿ëÁø.......... .
00000250   03 8A 2A 5F 06 40 A1 8A 99 BE 8E 97 10 63 D2 42   .Š*_.@¡Š™¾Ž–.cÒB
00000260   F8 2B 1B D0 E8 11 9C BC 18 5E 0F E9 D4 EF A0 19   ø+.Ðè.œ¼.^.éÔï .
00000270   03 8A 2A 5F 06 40 A1 8A 99 BE 8E 97 10 63 D2 42   .Š*_.@¡Š™¾Ž–.cÒB
00000280   F8 2B 1B D0 E8 11 9C BC 18 5E 0F E9 D4 EF 45 00   ø+.Ðè.œ¼.^.éÔïE.
00000290   00 00 09 00 00 A0 39 00 00 00 31 53 50 53 B1 16   ..... 9...1SPS±.
000002A0   6D 44 AD 8D 70 48 A7 48 40 2E A4 3D 78 8C 1D 00   mD..pH§H@.¤=xŒ..
000002B0   00 00 68 00 00 00 00 48 00 00 00 EA EF 64 6F 08   ..h....H....êïdo.
000002C0   D9 D7 46 B9 6A 4B 3D CF AA D5 13 00 00 00 00 00   Ù×F¹jK=ÏªÕ......
000002D0   00 00 00 00 00 00 00 00                           .......
```

CHAPTER 10

점프리스트

Windows 7부터 Jump List 기능이 추가되어 사용자의 편의성을 도모합니다. 최근에 응용프로그램을 실행하면 작업표시줄에 응용프로그램이 나타납니다. 이때 마우스를 이용하여 오른쪽 클릭하면 해당 응용프로그램으로 열었던 파일들을 확인 가능합니다.

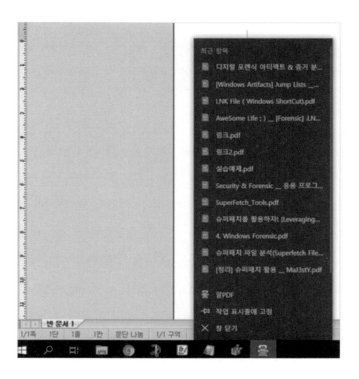

Recent라는 이름으로 이전에 열었던 파일 목록을 저장하고 있습니다. 또한 자주 사용한 파일은 Frequent라는 이름으로 저장하고 있습니다. 이러한 목록을 점프리스트라고 합니다.

윈도 탐색기의 점프리스트는 최근에 방문했던 폴더에서 파일을 실행시키거나 여는 행위 등을 했을 때 경로가 점프리스트에 기록됩니다. 그러므로 점프리스트를 분석하여 응용프로그램 사용 흔적, 최근 접근한 폴더 및 문서를 알아낼 수 있습니다.[91,92,93]

경로는 아래와 같은 Recent폴더 하위에 2개의 폴더에 저장됩니다.
%UserProfile%\AppData\Roaming\Microsoft\Windows\Recent

Drive C:							
₩Users₩nfs01₩AppData₩Roaming₩Microsoft₩Windows₩Recent							
Name ▼	Ext.	Size	Created	Modified	Record changed	Attr.	1st sector
▢ ≡ Windows		4.1 KB	out of bounds ↑	out of bounds ↑	out of bounds ↑		
▢ ≡ Recent		192 KB	out of bounds ↑	out of bounds ↑	out of bounds ↑	R	
▢ CustomDestinations		16.4 KB	out of bounds ↑	out of bounds ↑	out of bounds ↑		
▢ AutomaticDestinations		80.1 KB	out of bounds ↑	out of bounds ↑	out of bounds ↑		
▢ 화면 보호기 켜기-끄기.lnk	lnk	0.5 KB	out of bounds ↑	out of bounds ↑	out of bounds ↑	A	

- AutomaticDestinations : 운영체제가 자동으로 남기며 최근 사용목록 및 자주 사용되는 항목을 알 수 있습니다.
- CustomDestinations : 응용프로그램이 자체적으로 남기며 작업목록 항목을 알 수 있습니다.

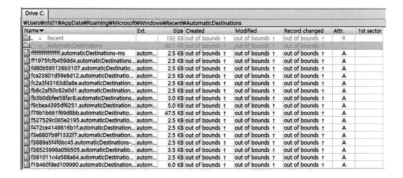

Drive C:								
₩Users₩nfs01₩AppData₩Roaming₩Microsoft₩Windows₩Recent₩AutomaticDestinations								
Name ▼	Ext.	Size	Created	Modified	Record changed	Attr.	1st sector
▢ = Recent		192 KB	out of bounds ↑	out of bounds ↑	out of bounds ↑	R	
▢ = AutomaticDestinations		80.1 KB	out of bounds ↑	out of bounds ↑	out of bounds ↑		
▢ fffffffffffffff.automaticDestinations-ms	autom...	2.5 KB	out of bounds ↑	out of bounds ↑	out of bounds ↑	A	
▢ ff1975fcfb459dd4.automaticDestinations...	autom...	2.5 KB	out of bounds ↑	out of bounds ↑	out of bounds ↑	A	
▢ fd80b595126b3107.automaticDestinatio...	autom...	2.5 KB	out of bounds ↑	out of bounds ↑	out of bounds ↑	A	
▢ fca23801d59e8d12.automaticDestinatio...	autom...	2.5 KB	out of bounds ↑	out of bounds ↑	out of bounds ↑	A	
▢ fc2a3f43163d0a8e.automaticDestination...	autom...	2.5 KB	out of bounds ↑	out of bounds ↑	out of bounds ↑	A	
▢ fb8c2af50c62e0d1.automaticDestination...	autom...	2.5 KB	out of bounds ↑	out of bounds ↑	out of bounds ↑	A	
▢ fb3b0dbfee58fac8.automaticDestinations...	autom...	3.0 KB	out of bounds ↑	out of bounds ↑	out of bounds ↑	A	
▢ f9cbea4395df6251.automaticDestination...	autom...	5.0 KB	out of bounds ↑	out of bounds ↑	out of bounds ↑	A	
▢ f79b1b661f69d8bb.automaticDestinatio...	autom...	47.5 KB	out of bounds ↑	out of bounds ↑	out of bounds ↑	A	
▢ f527529c065e2195.automaticDestinatio...	autom...	2.5 KB	out of bounds ↑	out of bounds ↑	out of bounds ↑	A	
▢ f472ce4149816b1f.automaticDestination...	autom...	2.5 KB	out of bounds ↑	out of bounds ↑	out of bounds ↑	A	
▢ f3e8807b9f1332f7.automaticDestination...	autom...	2.5 KB	out of bounds ↑	out of bounds ↑	out of bounds ↑	A	
▢ f3889a5f4f6bc45.automaticDestinations-...	autom...	2.5 KB	out of bounds ↑	out of bounds ↑	out of bounds ↑	A	
▢ f3852399 8a05b505.automaticDestinatio...	autom...	3.5 KB	out of bounds ↑	out of bounds ↑	out of bounds ↑	A	
▢ f381011c4a568a64.automaticDestinatio...	autom...	2.5 KB	out of bounds ↑	out of bounds ↑	out of bounds ↑	A	
▢ f18460fded109990.automaticDestination...	autom...	6.0 KB	out of bounds ↑	out of bounds ↑	out of bounds ↑	A	

IV

윈도우 포렌식

파일 이름(App ID)은 16자리의 16진수 값이며 확장자는 automaticDestination
-ms입니다.

AppID	Application Name
5f7b5f1e01b83767	Quick Access
4cb9c5750d51c07f	Movies & TV(Windows Store App)
a52b0784bd667468	Photos(Windows Store App)
ae6df75df512bd06	Groove Music(Windows Store App)
f01b4d95cf55d32a	File Explorer Windows 8.1/10
9d1f905ce5044aee	Microsoft Edge Browser

New applications with their AppIDs in Windows 10.

Jumplist explorer을 이용하여 내용이 확인 가능합니다.

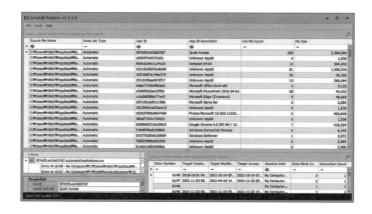

- 점프파일구조

점프목록파일의 구조는 OLE Compound 파일구조를 사용합니다.

SSView(Structured Storage Viewer)툴을 사용해서 점프리스트를 Stream 단위로 볼 수 있습니다.

DestList 헤더구조

범위(Hex)	크기(Byte)	이름	설명
0x00 ~ 0x03	4	Version Number	Windows 7/8 : 1 Windows 10 : 4
0x04 ~ 0x07	4	Current Entries	
0x08 ~ 0x0B	4	Pinned Entries	
0x0C ~ 0x0F	4	Counter	
0x10 ~ 0x17	8	Last issued Entry ID number	
0x18 ~ 0x1F	8	Number of add/delete/re-open actions	

	00	01	02	03	04	05	06	07	08	09	0A	0B	0C	0D	0E	0F
0x00	Version Number				Current Entries				Pinned Entries				Counter			
0x10	Last issued Entry ID number								Number of add/delete/re-open actions							

```
Offset(h) 00 01 02 03 04 05 06 07 08 09 0A 0B 0C 0D 0E 0F  Decoded text
00000000  04 00 00 00 3E 01 00 00 00 00 00 00 86 F1 15 43  ....>.......tñ.C
00000010  3F 18 00 00 00 00 00 00 C6 68 00 00 00 00 00 00  ?.......Æh......
00000020  78 70 5F 3D AA 01 B7 86 00 00 00 00 00 00 00 00  xp_=ª.·†........
```

Version number : 0x04로서 윈도 10에서 작성되었음을 알 수 있습니다.

Current Entries : 현재 엔트리는 0x 013E임을 알 수 있습니다.

범위(Hex)	크기(Btye)	이름	설명
0x00 ~ 0x07	8	Checksum	
0x08 ~ 0x17	16	New Volume ID	
0x18 ~ 0x27	16	New Object ID	
0x28 ~ 0x37	16	Birth Volume ID	
0x38 ~ 0x47	16	Birth Object ID	
0x48 ~ 0x57	16	NetBIOS Name	
0x58 ~ 0x5B	4	Entry ID number	
0x64 ~ 0x6B	8	MSFILETIME	
0x74 ~ 0x77	4	Access count	
0x80 ~ 0x81	2	Length of unicode	
0x82 ~ 0x--	가변적	Entry string data	

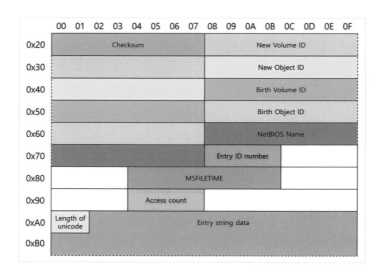

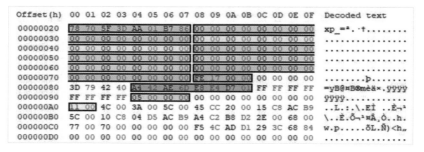

Entry ID number : 엔트리 넘버가 0x17FE임을 알 수 있습니다.

MSFILETIME of last recorded access : 마지막 접근시간은 2021-11-29 15:14:55.4401444임을 알 수 있습니다.

access count : 5번임을 알 수 있습니다.

Thumbnail

IV

연도 포렌식

．．．　섬네일(Thumbnail)은 큰 이미지를 축소하여 보여주는 것으로 많은 이미지를 빠르게 검색할 수 있게 해주는 기능으로 여러 프로그램들에서 사용되고 있습니다. 대표적으로는 윈도 탐색기(Explorer)가 있습니다. 미리보기를 지원하는 파일은 운영체제별로 다르지만 대표적으로는 이미지, 동영상, PDF, HTML 등을 지원하고 있습니다. 처음 방문 시 미리보기 하는 경우 섬네일을 만들고 다시 방문할 때 만들어진 섬네일을 보여주어서 속도 향상을 도모합니다. 그러므로 만약 미리보기를 한 번이라도 했다면 섬네일이 만들어지고 이 만들어진 섬네일은 원본파일이 삭제되더라도 지워지지 않아 중요한 증거가 될 수 있습니다. 원본파일은 지워졌지만 섬네일을 분석하여 아동포르노 및 문서유출의 증거로 제출된 많은 사건이 보고되었습니다.[94,95,96,97,98,99]

경로는 Users\[User Name]\AppData\Local\Microsoft\Windows\

Explorer이며 Thubmcache_##.db 형태로 저장되어있습니다. 크기별로 파일들이 존재합니다.

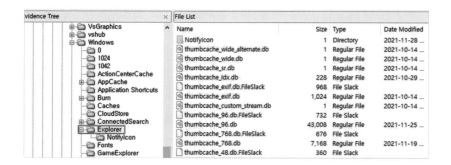

이름	정보
Thumbcache_idx.db	섬네일의 인덱스 정보
Thumbcache_32.db	32x32 픽셀보다 작은 섬네일이 저장되며 모두 BMP 형식
Thumbcache_96.db	32x32 ~ 96x96 픽셀 사이의 섬네일이 저장되며 BMP 형식
Thumbcache_256.db	96x96 ~ 256x256 픽셀 사이의 섬네일이 저장되며 JPEG or PNG 형식
Thumbcache_1024.db	256x256~1024x1024 픽셀 사이의 섬네일이 저장되며 모두 JPEG 형식

무료 공개도구인 thumbcache-viewer를 사용하면 섬네일을 확인 가능합니다.

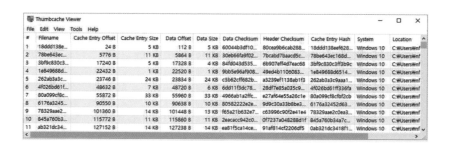

11.1. 구조

thumbcache_##.db 파일은 시그니처 "CMMM"을 기준으로 File Header와 Cache Entry로 나뉘어있습니다. 각각의 Cache Entry에는 섬네일이 저장되어있습니다.

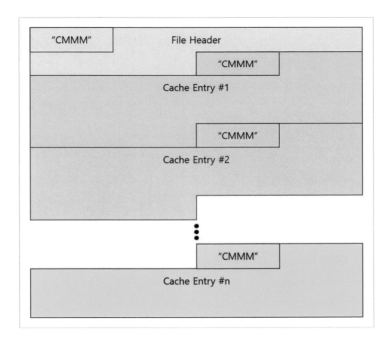

11.2. File Header구조

범위(Hex)	크기 (Btye)	이름	설명
0x00 ~ 0x03	4	"CMMM" Signature	
0x04 ~ 0x07	4	Format version	Windows Vista : 0x14, Windows 7 : 0x15, Windows 8 : 0x1A, Windows 8v2 : 0x1C, Windows 8v3 : 0x1E, Windows 8.1 : 0x1F, Windows 10 : 0x20,
0x08 ~ 0x0B	4	Cache type	*Windows 10 기준 16(0x00), 32(0x01), 48(0x02), 96(0x03), 256(0x04), 768(0x05), 1280(0x06), 1920(0x07), 2560(0x08), sr(0x09), wide(0x0A), exif(0x0B), wide_alternate(0x0C), custom_stream(0x0D)
0x0C ~ 0x0F	4	Offset to first cache entry	
0x10 ~ 0x13	4	Offset to first available cache entry	
0x14 ~ 0x17	4	Total size of entries	

	00	01	02	03	04	05	06	07	08	09	0A	0B	0C	0D	0E	0F
0x00	"CMMM" Signature				Format version				Cache type				Offset to first cache entry			
0x10	Offset to first available cache entry				Total size of entries											

```
Offset(h) 00 01 02 03 04 05 06 07 08 09 0A 0B 0C 0D 0E 0F  Decoded text
00000000  43 4D 4D 4D 20 00 00 00 01 00 00 00 00 00 00 00  CMMM ...........
00000010  18 00 00 00 B8 BC 09 00 43 4D 4D 4D F0 09 00 00  ....,...CMMM6...
00000020  DE 3C 93 6B B6 96 4F 21 20 00 00 00 02 00 00 00  Þ<"k¶–O! .......
```

Signature : 시그니처(43 4D 4D 4D), CMMM로서 이를 단위로 각각의 섬네일이 저장되어 었습니다.

Format Versin : 0x20으로서 윈도 10에서 작성되었음을 알 수 있습니다.

Cache Type : 0x01으로서 32byte 크기임을 알 수 있습니다.

11.3. Cache Entry구조

범위(Hex)	크기(Btye)	이름	설명
0x08 ~ 0x0B	4	"CMMM" Signature	
0x0C ~ 0x0F	4	Cache entry size	
0x10 ~ 0x17	8	Cache entry hash	
0x18 ~ 0x1B	4	Filename length	
0x1C ~ 0x1F	4	Padding size	
0x20 ~ 0x23	4	Data size	
0x24 ~ 0x27	4	Width	
0x28 ~ 0x2B	4	Height	
0x30 ~ 0x37	8	Data checksum	
0x38 ~ 0x3F	8	Header checksum	
0x40 ~ 0x5F	가변적	Filename	
0x52 ~ 0x--	가변적	Data	

```
Offset(h)  00 01 02 03 04 05 06 07 08 09 0A 0B 0C 0D 0E 0F   Decoded text

00000000   43 4D 4D 4D 20 00 00 00 01 00 00 00 00 00 00 00   CMMM ...........
00000010   18 00 00 00 B8 BC 09 00 43 4D 4D 4D F0 09 00 00   ....,¼..CMMMð...
00000020   DE 3C 93 6B B6 96 4F 21 20 00 00 00 02 00 00 00   Þ<"k¶–O! .......
00000030   96 09 00 00 18 00 00 00 18 00 00 00 00 00 00 00   –...............
00000040   49 25 D1 07 6C 30 FC E0 9B C1 28 FD 1C 06 12 00   I%Ñ.l0üà›Á(ý....
00000050   32 00 31 00 34 00 66 00 39 00 36 00 62 00 36 00   2.1.4.f.9.6.b.6.
00000060   36 00 62 00 39 00 33 00 33 00 63 00 64 00 65 00   6.b.9.3.3.c.d.e.
00000070   00 00 42 4D 96 09 00 00 00 00 00 00 96 00 00 00   ..BM–.......–...
00000080   7C 00 00 00 18 00 00 00 18 00 00 00 01 00 20 00   |............. .
00000090   03 00 00 00 00 00 00 00 00 00 00 00 00 00 00 00   ................
000000A0   00 00 00 00 00 00 00 00 00 00 FF 00 00 FF 00 00   ..........ÿ..ÿ..
000000B0   FF 00 00 00 00 00 00 FF 20 6E 69 57 00 00 00 00   ÿ......ÿ niW....
000000C0   00 00 00 00 00 00 00 00 00 00 00 00 00 00 00 00
```

Signature : 시그니처(43 4D 4D 4D), CMMM로서 섬네일이 시작됩니다.

Cache entry size : 캐시 엔트리 크기는 0x09F0임을 알 수 있습니다.

Filename length : 0x20으로서 32byte 크기임을 알 수 있습니다.

11.4. 이미지 추출하기

Data offset = Cache entry offset + (Cache entry size − Data size)

= 0x18 + (0x9F0 − 0x996)

= 0x18 + 0x5A

= 0x72

Data offset에서 Data size만큼 블록 선택하기(Ctrl+E) − 복사

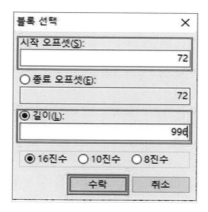

11.5. 새로 만들기(Ctrl+N) - 붙여넣기

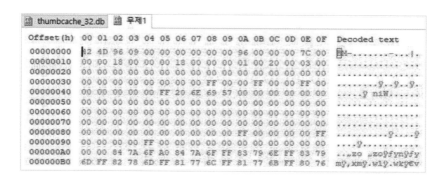

Offset(h)	00	01	02	03	04	05	06	07	08	09	0A	0B	0C	0D	0E	0F	Decoded text
00000000	42	4D	96	09	00	00	00	00	00	00	96	00	00	00	7C	00	BM–........–...|.
00000010	00	00	18	00	00	00	18	00	00	00	01	00	20	00	03	00	....
00000020	00	00	00	00	00	00	00	00	00	00	00	00	00	00	00	00	....
00000030	00	00	00	00	00	00	00	00	FF	00	00	FF	00	00	FF	00	........ÿ..ÿ..ÿ.
00000040	00	00	00	00	00	FF	20	6E	69	57	00	00	00	00	00	00	.....ÿ niW......
00000050	00	00	00	00	00	00	00	00	00	00	00	00	00	00	00	00	....
00000060	00	00	00	00	00	00	00	00	00	00	00	00	00	00	00	00	....
00000070	00	00	00	00	00	00	00	00	00	00	00	00	00	00	00	00	....
00000080	00	00	00	00	00	00	00	00	00	00	FF	00	00	00	00	FF	..........ÿ....ÿ
00000090	00	00	00	00	FF	00	00	00	00	00	00	00	00	00	00	00	....ÿ...........
000000A0	00	00	84	7A	6F	A0	84	7A	6F	FF	83	79	6E	FF	83	79	...zo .zoÿfynÿfy
000000B0	6D	FF	82	78	6D	FF	81	77	6C	FF	81	77	6B	FF	80	76	mÿ,xmÿ.wlÿ.wkÿ€v

11.6. 저장(Filename.bmp)

IconCache

• • •   IconCache.db 파일은 윈도 8버전 이후부터 아이콘이미지를 데이터베이스 형태로 저장하고 있는 파일입니다. 이 파일은 열람 및 실행한 응용프로그램들의 아이콘캐시를 가지고 있으며 한번 저장된 아이콘캐시는 참조된 응용프로그램이 삭제되어도 삭제가 되지 않습니다. 따라서 IconCache.db에 아이콘이 존재하면 한 번이라도 해당 프로그램이 사용되었음을 알 수 있습니다. IconCache.db분석을 통해 삭제된 응용프로그램의 존재 여부, 외부저장매체를 통해 실행 여부 등을 확인할 수 있습니다. 이를 통해 안티 포렌식 도구의 사용 여부, 악성코드 흔적도 확인이 가능합니다.[100,101,102,103]

저장되어있는 경로는 Users\[User Name]\AppData\Local\Microsoft\Windows\Explorer이며 섬네일이 저장되어있는 경로와 같습니다.Iconcache_##.db 형태로 저장되어있습니다. 크기별로 파일들이 존재합니다.

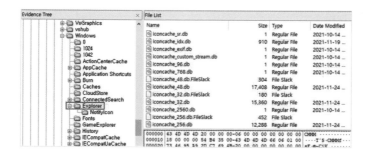

윈도 7, 8 아이콘캐시를 분석하기 위해 IconCache Viewer 도구를 사용하고
윈도 10 아이콘캐시는 fortools 라이브러리를 사용하면 확인 가능합니다.
아이콘 이미지는 thumbcache-viewer를 사용하면 보입니다.

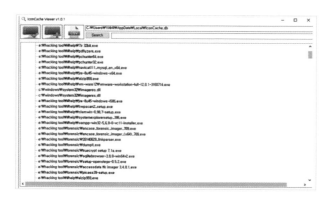

https://github.com/5ha0/fortools에 파이썬코드가 있어 이를 통해 확인할

수 있습니다.

- 구조

윈도 10에서는 thumbcache_##.db 파일구조와 같은 형식을 가지고 있으며 헤더에 "CMMM"으로 시작하는 시그니처를 단위로 각각의 아이콘을 저장하고 있습니다.

위의 장에서 섬네일구조를 보면 Iconcache_##.db 파일의 구조를 알 수 있습니다.

```
Offset(h)  00 01 02 03 04 05 06 07 08 09 0A 0B 0C 0D 0E 0F  Decoded text
00000000   43 4D 4D 4D 20 00 00 00 01 00 00 00 00 00 00 00  CMMM ..........
00000010   38 ED 00 00 38 94 F7 00 43 4D 4D 4D F0 10 00 00  8í..8"÷.CMMMð...
00000020   F1 1A E2 71 80 11 10 D0 20 00 00 00 02 00 00 00  ñ.âq€..Ð .......
00000030   96 10 00 00 20 00 00 00 20 00 00 00 00 00 00 00  -... .. .......
00000040   1D BC 64 4C 8A BC 25 BC 63 4B 85 93 C8 58 6A 24  .¼dLŠ¼%¼cK…"ÈXj$
00000050   64 00 30 00 31 00 30 00 31 00 31 00 38 00 30 00  d.0.1.0.1.1.8.0.
00000060   37 00 31 00 65 00 32 00 31 00 61 00 66 00 31 00  7.1.e.2.1.a.f.1.
00000070   00 00 42 4D 96 10 00 00 00 00 00 00 96 00 00 00  ..BM-.......-...
00000080   7C 00 00 00 20 00 00 00 20 00 00 00 01 00 20 00  |... ... ...... .
00000090   03 00 00 00 00 00 00 00 00 00 00 00 00 00 00 00  ................
000000A0   00 00 00 00 00 00 00 00 00 00 FF 00 00 FF 00 00  ..........ÿ..ÿ..
000000B0   FF 00 00 00 00 00 00 00 FF 20 6E 69 57 00 00 00  ÿ......ÿ niW....
000000C0   00 00 00 00 00 00 00 00 00 00 00 00 00 00 00 00  ................
000000D0   00 00 00 00 00 00 00 00 00 00 00 00 00 00 00 00  ................
000000E0   00 00 00 00 00 00 00 00 00 00 00 00 00 00 00 00  ................
000000F0   00 00 00 00 00 00 00 00 00 00 00 00 FF 00 00 00  ............ÿ...
00000100   00 FF 00 00 00 00 FF 00 00 00 00 00 00 00 00 00  .ÿ....ÿ.........
00000110   00 00 00 00 00 00 00 00 00 00 00 00 00 00 00 00  ................
00000120   00 00 00 00 00 00 00 00 00 00 00 00 00 00 00 00  ................
00000130   00 00 00 00 00 00 00 00 00 00 00 00 00 00 00 00  ................
00000140   00 00 00 00 00 00 00 00 00 00 00 00 00 00 00 00  ................
00000150   00 00 00 00 00 00 00 00 00 00 00 00 00 00 00 00  ................
00000160   00 00 00 00 00 00 00 00 00 00 00 00 00 00 00 00  ................
00000170   00 00 00 00 00 00 00 00 00 00 00 00 00 00 00 00  ................
00000180   00 00 00 00 00 00 00 00 00 00 00 00 00 00 00 00  ................
00000190   00 00 00 00 00 00 00 00 00 00 00 00 00 00 00 00  ................
000001A0   00 00 00 00 00 00 00 00 00 00 00 00 00 00 00 00  ................
000001B0   00 00 00 00 00 00 00 00 00 00 00 00 00 00 00 00  ................
000001C0   00 00 00 00 00 00 00 00 00 00 00 00 00 00 00 00  ................
000001D0   00 00 00 00 00 00 00 00 00 00 00 00 00 00 00 00  ................
000001E0   00 00 00 00 00 00 00 00 00 00 00 00 00 00 00 00  ................
000001F0   00 00 00 00 00 00 00 00 00 00 00 00 00 00 00 00  ................
00000200   00 00 00 00 00 00 00 00 00 00 00 00 00 00 00 00  ................
00000210   A5 A5 A5 FF A5 A5 A5 FF A5 A5 A5 FF A5 A5 A5 FF  ¥¥¥ÿ¥¥¥ÿ¥¥¥ÿ¥¥¥ÿ
00000220   A5 A5 A5 FF A5 A5 A5 FF A5 A5 A5 FF A5 A5 A5 FF  ¥¥¥ÿ¥¥¥ÿ¥¥¥ÿ¥¥¥ÿ
```

Amcache분석

IV

윈도 포렌식

· · ·　윈도 8에서 Amcache는 윈도 7의 호환성 아티팩트인 RecentFile Cache.bcf을 레지스트리 하이브 파일로 대체한 것입니다. Amcache.hve 파일은 프로그램 호환성 관리자(Program Compatibility Assistant)와 관련된 레지스트리 파일로 응용프로그램의 실행정보를 가지고 있습니다. 응용프로그램의 실행경로, 최초 실행시간, 삭제시간을 가지고 있으며 연결된 USB나 블루투스 관련 정보들도 보유하고 있습니다. 저장 경로는 아래와 같습니다.[104,105,106,107]

프로그램 실행흔적은 프리패치(Prefetch) 파일, 아이콘캐시(Iconcache.db) 파일을 분석하는 방법도 있습니다. 프리패치 파일은 최대 128개밖에 없어 한계가 있으며 아이콘캐시 파일은 응용프로그램의 실행시간에 대한 정보가 없어 한계가 있으므로 암캐시(Amcache.hve) 파일과 같이 분석하여 응용프로그램의 전체적인 타임라인을 구성할 필요가 있습니다.

　Amcache프로그램을 이용하여 분석이 가능합니다.
　cmd 창에서 AmcacheParser.exe -f [Amcache.hve경로] --csv [출력 csv경로]

아래와 같이 여러 csv가 추출됩니다.

아래와 같이 6개 csv로 따로 저장됩니다.

13.1. Amcache_DeviceContainers.csv

이름	설명
KeyName	device 구분 ID
KeyLastWriteTimestamp	마지막 사용시간
Categories	장치종류
DiscoveryMethod	해당 device를 얻게 된 방법(Bluetooth 등)
FriendlyName	추가 식별 이름
Icon	Icon Path
Manufacturer	장치의 제조업체
ModelId	장치의 고유 ID

13.2. Amcache_DevicePnps.csv

이름	설명
KeyName	device 구분 ID
KeyLastWriteTimestamp	마지막으로 사용된 시간
BusReportedDescription	버스로부터 오는 장치 설명
Class	드라이버 장치 설정 클래스
ClassGuid	드라이버 장치 클래스 고유식별자
Description	장치 설명
DriverID	설치된 드라이버 고유식별자
DriverName	설치된 드라이버 이미지 파일 이름
DriverVerDate	장치에 설치된 드라이버 관련 날짜
DriverVerVersion	장치에 설치된 드라이버 버전
HWID	장치 하드웨어 ID
Manufacturer	장치 제조업체
Model	장치 모델
Provider	장치 공급자
Service	장치 서비스 이름

13.3. Amcache_DriveBinaries.csv

이름	설명
KeyName	device 구분 ID
KeyLastWriteTimestamp	마지막으로 사용된 시간
DriverTimeStamp	드라이버 타임스탬프
DriverLastWriteTime	드라이버의 마지막 사용시간
DriverName	드라이버 파일 이름
DriverInBox	운영체제에 드라이버 포함 여부
DriverCompany	드라이버 개발회사
DriverID	드라이버 고유 ID
DriverType	드라이버 특성

13.4. Amcache_ShortCuts.csv

이름	설명
KeyName	파일 이름
LnkName	lnk 파일경로
KeyLastWriteTimestamp	마지막으로 사용된 시간

13.5. Amcache_DriverPackages.csv

이름	설명
KeyName	파일 이름
KeyLastWriteTimestamp	마지막으로 사용된 시간
Date	드라이버 장치 설정 날짜
Class	드라이버 장치 설정 클래스
Directory	드라이버 장치 설치 경로
DriverInBox	운영체제에 드라이버 포함 여부
Hwids	장치 하드웨어 ID
Provider	장치 공급자

13.6. Amcache_UnassociatedFileEntries.csv

이름	설명
ApplicationName	Unassociated로 저장
ProgramID	프로그램 고유식별자
FileKeyLastWriteTimestamp	타임스탬프
SHA1	sha1 해시값
FullPath	파일경로
Name	파일 이름
FileExtension	파일 확장자
LinkDate	연결된 날짜 및 시간
Size	파일 크기
Version	파일 버전
LongPathHash	파일 전체 경로 해시값

13.7. 구조

Hive구조로 루트키 밑에 File, Generic, Orphan, Programs 4개 키를 보유합니다.

Generic키와 Orphan키는 GUID 또는 파일 ID 관련 정보를 저장하고 있고, Programs키는 설치된 응용프로그램명, 버전 등의 정보를 저장하고 있으며 File키는 응용프로그램 관련 최초 실행시간 등 많은 정보를 저장하고 있습니다.

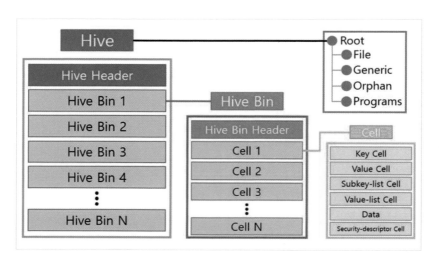

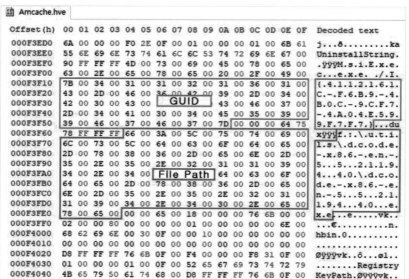

CHAPTER 14

ShimCache(AppCompatCache)

・・・・ 운영체제의 버전이 변경될 때마다 새로 생성, 변경, 삭제되는 API (Application Programming Interface)로 인해 실행에 문제가 생기는 호환성 문제를 가지게 됩니다. 운영체제는 응용프로그램 호환성 데이터베이스(Application Compatibility Database)를 이용하여 문제를 해결합니다. 호환성 데이터베이스는 Appfix Package라는 형식의 .sdb 파일로 존재하며 심 데이터베이스(Shim Database, SDB)라고 불립니다.[108,109,110]

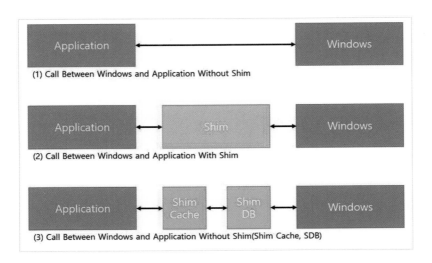

Shim Structure Between Windows and Applications

그림과 같이 API 후킹의 형태로 응용프로그램과 Windows 운영체제 사이에 위치하여 응용프로그램이 필요한 DLL을 Windows 측에 요구하면 Windows의 API가 바로 호출되지 않고 shim에서 요청과 응답을 관리하는 방법으로 호환성 문제를 해결합니다. shim은 틈을 메우는 끼움쇠라는 뜻으로 그 역할을 합니다.

경로는 아래와 같고 SDB(Shim Database) 파일이 존재합니다.
C:\Windows\AppPatch\
sysmain.sdb
drvmain.sdb
msimain.sdb
pcamain.sdb

응용프로그램 실행 시 호환성 문제 해결 함수는 kernel32.dll의 내부함수인 BasepCheckBadApp입니다. 이 함수가 호출되면 위의 SDB 파일 내용을 참고합니다. 이 경우 더 빠른 해결을 위해 심캐시(ShimCache, AppCompatCache)를 참고합니다.

심캐시(ShimCache, AppCompatCache) 파일은 응용프로그램의 실행흔적을 기록하고 있어 포렌식적 관점에서 중요한 아티팩트입니다.

Shimcache는 보유하는 데이터의 양은 운영체제마다 다르나 가장 오래된 데이터를 새 항목으로 대체하는 식으로 데이터를 롤링하여 기록합니다.

Shimcache와 관련된 레지스트리키는 아래와 같습니다.

HKEY_LOCAL_MACHINE\SYSTEM\CurrentControlSet\Control\
Session Manager\AppCompatCache

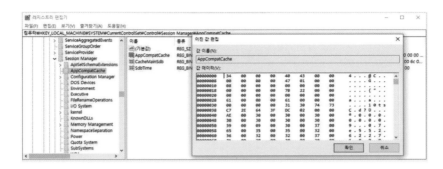

AppCompatCacheParser프로그램을 이용하면 심캐시를 csv 형태로 얻을
수 있습니다.

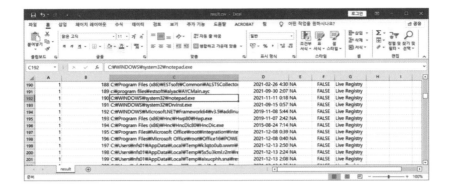

심캐시의 구조는 아래와 같습니다.

범위(Hex)	크기(Btye)	이름	설명
0x00 ~ 0x03	4	Signature "10ts"	
0x04 ~ 0x07	4	Unknown	
0x08 ~ 0x1B	4	Entry Length	
0x1C ~ 0x1D	2	Path Length	
0x1E ~ 0x??	가변적	Path	
0x?? ~ 0x(??+8)	8	Last Modified Time	
0x(??+8) ~ 0x(??+9)	1	Data Length	
0x(??+9) ~ 0x(+9+Data Length)	가변적	Data	
0x(??+9+Data Length) ~ 0x(??+9+Data Length+3)	3	Null Padding	

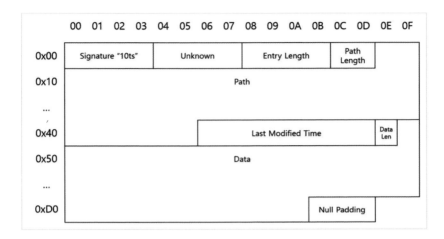

Signature : 시그니처(31 30 74 73) 10ts로서 심캐시임을 알 수 있습니다.

Entry Length : 엔트리 크기는 0xC2임을 알 수 있습니다.

Path Length : 패스 크기는 0x38로서 이어서 오는 56byte가 패스임을 알 수 있습니다..

이벤트 로그
분석

· · · Windows 운영체제는 시스템의 전반적인 동작을 기록하고 저장하고 있으며 시스템이 동작하면서 발생하는 이벤트를 로그 형태로 관리합니다. Windows Vista부터 XML 기반의 EVTX 파일로 관리합니다. 이벤트는 시스템 자체 또는 사용자의 특정 행위로 인해 발생할 수 있으며 외부장치 연결, 응용프로그램 설치/제거, 공유폴더 사용/해제, 프린터 사용, 원격 연결/해제, PC 시작/종료, 로그온/오프, 절전 모드, 네트워크 연결/해제, 이벤트 로그 삭제, 시스템 시간 변경, 파일/레지스트리 조작, 프로세스 생성 등의 이벤트가 로그로 저장되므로 관련한 행동분석이 가능합니다.[111,112,113]

이벤트 로그는 윈도 탐색기로 컴퓨터를 선택하고 오른쪽 마우스를 클릭하면 나오는 팝업 창에서 관리를 선택하며 Windows 운영체제에 기본프로그램인 이벤트 뷰어(Event Viewer)가 실행됩니다. 이를 통해서 메타데이터(metadata)와 이벤트 메시지를 볼 수 있습니다.

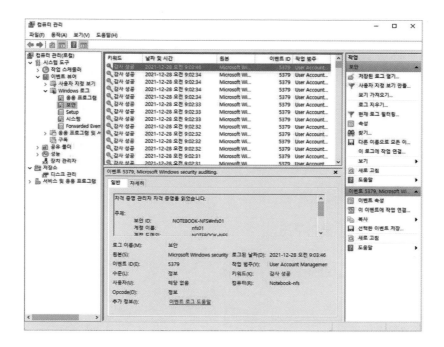

- 메타데이터는 로그 이름(Channel), 원본(Provider), 작업범주(Task), 수준(Level), 로그된 날짜(TimeCreated), 키워드(Keyword), 이벤트 ID(EventRecordID), 사용자(Version), 컴퓨터(Computer), Opcode로 구성됩니다. EVTX 파일은 아래의 그림과 같이 여러 개의 Chunk로 구성되며, 각 Chunk는 Record로 이루어져 있습니다.

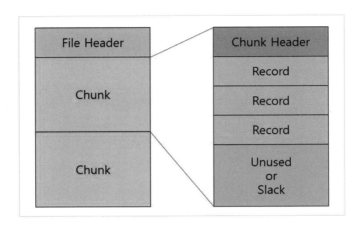

15.1. 파일 헤더구조

범위(Hex)	크기(Btye)	이름	설명
0x00 ~ 0x07	8	Signature	45 6C 66 46 69 6C 65 00 "ElfFile"
0x08 ~ 0x0F	8	First Chuck	가장 오래된 Chunk
0x10 ~ 0x17	8	Last Chunk	현재 작성 중인 Chunk
0x18 ~ 0x1F	8	Next Record	작성 예정의 레코드번호
0x20 ~ 0x23	4	Header Size	기본적으로 0x80
0x24 ~ 0x25	2	Minor Version	
0x26 ~ 0x27	2	Major Version	
0x28 ~ 0x29	2	Haeder block Size	기본적으로 0x1000
0x2A ~ 0x2B	2	Num of Chunk	청크의 개수
0x2C ~ 0x77	76	Unknown	
0x78 ~ 0x7B	4	Flag	
0x7C ~ 0x7F	4	CRC	

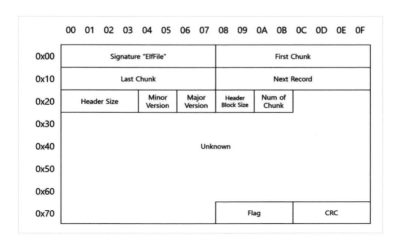

Signature : 시그니처(45 6C 66 46 69 6C 65 00)로서 파일 헤더임을 알 수 있습니다.

First Chunk : 가장 오래된 청크 넘버는 0x99임을 알 수 있습니다.

Last Chunk : 지금 작성 중인 청크 넘버는 0x98임을 알 수 있습니다.

Number of Chunk : 이 청크 개수는 0x0140임을 알 수 있습니다.

청크 헤더구조

범위(Hex)	크기 (Btye)	이름	설명
0x00 ~ 0x07	8	Signature	45 6C 66 43 68 6E 6B 00 "ElfChnk"
0x08 ~ 0x0F	8	First Log Record Num	
0x10 ~ 0x17	8	Last Log Record Num	
0x18 ~ 0x1F	8	First File Record Num	
0x20 ~ 0x27	8	Last File Record Num	
0x28 ~ 0x2B	4	Table Offset	
0x2C ~ 0x2F	4	Last Record Offset	
0x30 ~ 0x33	4	Next Record Offset	
0x34 ~ 0x37	4	Data CRC	
0x38 ~ 0x7B	68	Unknown	
0x7C ~ 0x7F	4	Header CRC	

Signature : 시그니처(45 6C 66 43 68 6E 6B 00)로서 청크 헤더임을 알 수 있습니다..

First Event Log Number : 첫 번째 이벤트 로그 넘버는 0x01D2B5임을 알 수 있습니다.

Last Event Log Number : 마지막 이벤트 로그 넘버는 0x01D39E임을 알 수 있습니다.

Next Record Offset : 다음 이벤트 레코드데이터 offset은 0xFFD8임을 알 수 있습니다.

15.3. 레코드구조

범위(Hex)	크기 (Btye)	이름	설명
0x00 ~ 0x03	4	Signature	2A 2A 00 00 "**.."
0x04 ~ 0x07	4	Event Record Size	
0x08 ~ 0x0F	8	Event Record Identifier	
0x10 ~ 0x17	8	Written Data and Time	
0x18 ~ 0x--	가변적	Event	
0x-- ~ 0x--+4	4	Copy of size	

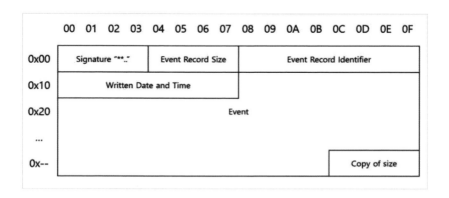

```
Offset(h)  00 01 02 03 04 05 06 07  08 09 0A 0B 0C 0D 0E 0F   Decoded text

00001840   2A 2A 00 00 10 01 00 00  B6 D2 01 00 00 00 00 00   **......¶Ò.....
00001850   7D C8 9D 2C B6 BF D7 01  0F 01 01 00 0C 01 90 C0   }È.,¶¿×........À
00001860   5F FC 26 02 00 00 14 00  00 00 01 00 04 00 01 00   _ü&.............
00001870   04 00 02 00 06 00 02 00  06 00 02 00 06 00 08 00   ................
00001880   15 00 08 00 11 00 00 00  00 00 04 00 08 00 04 00   ................
00001890   08 00 08 00 0A 00 01 00  04 00 00 00 00 00 00 00   ................
000018A0   00 00 00 00 00 00 00 00  00 00 00 00 00 00 00 00   ................
000018B0   00 00 00 00 00 00 61 00  21 00 04 00 00 00 58 1B   ......a.!.....X.
000018C0   00 00 00 00 00 00 00 00  80 00 7D C8 9D 2C B6 BF   ........€.}È.,¶¿
000018D0   D7 01 00 00 00 00 00 00  00 00 B6 D2 01 00 00 00   ×.........¶Ò....
000018E0   00 00 00 0F 01 01 00 0C  01 77 D8 29 43 60 07 00   .........wØ)C`..
000018F0   00 03 00 00 00 3E 00 81  00 04 00 08 00 00 00 00   .....>..........
00001900   00 5B 00 31 00 30 00 30  00 31 00 5D 00 57 00 54   .[.1.0.0.1.].W.T
00001910   00 53 00 51 00 75 00 65  00 72 00 79 00 55 00 73   .S.Q.u.e.r.y.U.s
00001920   00 65 00 72 00 54 00 6F  00 6B 00 65 00 6E 00 20   .e.r.T.o.k.e.n.
00001930   00 3A 00 20 00 31 00 30  00 30 00 38 00 00 00 00   .:. .1.0.0.8....
00001940   00 00 00 00 00 30 00 38  00 00 00 00 10 01 00 00   .....0.8........
00001950   2A 2A 00 00 10 01 00 00  B7 D2 01 00 00 00 00 00   **......·Ò.....
```

각각의 레코드에는 실제 이벤트데이터가 들어 있습니다.

Signature : 시그니처(2A 2A 00 00)로서 레코드임을 알 수 있습니다.

Event Record Size : 이벤트레코드 크기는 0x0110임을 알 수 있습니다.

Event Record Identifier : 이벤트레코드 식별자는 0x01D2B6임을 알 수 있습니다.

이벤트 로그파일은 EVTX 파일형식을 가지며 C:/Windows/System32/
winevt/Logs 경로 밑에 저장됩니다.

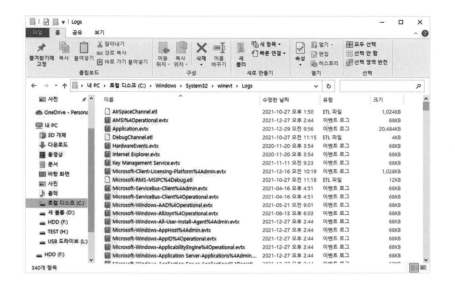

이 파일들을 FTK Imager로 획득한 후 FSProLabs에서 개발한 EVTX분석 도구인 Event Log Explorer프로그램으로 분석할 수 있습니다.

Application.evtx 파일은 응용프로그램과 관련된 중요한 이벤트를 기록하고 있으며 Security.evtx는 시스템 로그온, 파일접근, 계정생성 등에 관한 이벤트화 보안 관련 이벤트를 저장하고 있으며, System.evtx는 윈도시스템 운영에 관련된 하드웨어 장치, 드라이버 동작 등에 관한 이벤트가 저장되어있습니다.

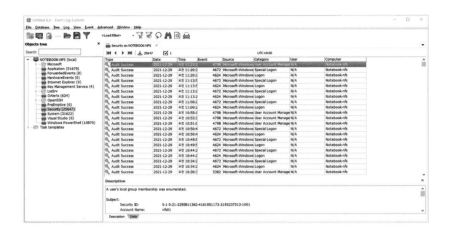

Event Log Explorer는 필터 기능을 가지고 있어 원하는 이벤트 종류만 보거나, 로그 내용 중 특정 문자가 포함된 정보만 선택하여 볼 수 있습니다.

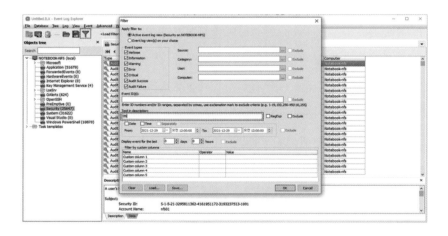

15.4. 이벤트 ID

- USB 연결흔적

USB, 외장하드 및 휴대폰과 같이 파일을 저장할 수 있는 PC 주변 기기는 기업 내의 기밀정보를 반출하는 수단이 될 수 있습니다.

	이벤트 ID
처음연결	2003, 2004, 2006, 2010, 2100, 2101, 2105, 2106, 10000, 10002, 10100, 20001, 20003, 24576, 24577, 24579
연결	2003, 2004, 2005, 2006, 2010, 2100, 2101, 2105, 2106
해제	2003, 2004, 2006, 2010, 2100

외장저장장치 연결/해제 이벤트 ID

이벤트 ID	내용
System.evtx (새 장치 연결)	
10000	드라이버 패키지를 장치에 설치 장치에 대한 레지스트리키 정보
20001	드라이버 설치 프로세스를 끝냄 장치 인스턴스 ID
20003	서비스 추가 프로세스를 끝냄 장치 인스턴스 ID
DriverFramworks-UserMode/Operational.evtx (장치 연결)	
2003	UMDF 호스트가 장치에 대한 드라이버 로드 장치에 대한 레지스트리키 정보
2101	작업 완료 장치에 대한 레지스트리키 정보
DriverFramworks-UserMode/Operational.evtx (장치 연결 끊기)	
2102	드라이버로 작업 전달 완료 장치에 대한 레지스트리키 정보
2901	UMDF 호스트가 시스템 종료

- 프로그램 설치흔적

안티 포렌식 도구를 이용하여 흔적을 지우는 경우나 원격프로그램을 이용하여 비밀자료를 유출하는 경우 또는 저작권을 위반하는 프로그램의 사용 여부 등 프로그램 설치흔적 조사가 필요한 경우가 있습니다. 이벤트 로그에는 설치 경로, 확인자 이름 등이 저장됩니다. 프로그램에 따라 설치 시 로그가 기록되거나 실행이 되어야 로그가 남는 경우도 있습니다.

이벤트 ID	내용
Microsoft-Windows-Application-Experience/Program-Compatibility-Assistant.evtx (Windows 10)	
17	실행한 프로그램 및 설치 경로, 확인자 이름
Microsoft Office Alerts.evtx (Windows 7, 10)	
300	Office 프로그램 종류, 알림 내용

- 공유폴더 사용

비밀 유출에는 이메일을 사용하거나 외부저장장치 등 여러 경우가 있을 수 있으나 공유폴더에 접근이 존재한다면 기밀유출의 가능성이 있어 조사가 필요합니다. 공유폴더 관련 이벤트 로그는 해당 폴더를 생성한 PC와 접근한 PC에 모두 기록됩니다. Security.evtx 파일 중 이벤트 ID 4656번, 4663번 외부에서 접근한 계정 및 디렉터리/파일 정보가 존재하고 5140번은 네트워크 주소가 있습니다.

공유폴더 이벤트 ID

이벤트 ID	작업	내용
Security.evtx (Windows 7, 10)		
4656	File System	개체에 대한 핸들 요청 주체, 개체, 프로세스 정보, 액세스 요청 정보
4663		개체 접근 관련 정보, 개체 이름, 접근 프로세스 ID, 이름, 접근 요청 정보
5140	File Share	네트워크 공유 개체가 엑세스됨 제목, 네트워크 정보, 공유 정보, 액세스 요청 정보

연구 포렌식

- 프린터 사용

비밀자료는 출력하여 유출할 수도 있습니다. 인쇄 작업을 요청하면,
Microsoft-Windows-PrintService/Operational.evtx 파일에 이벤트 ID
307번에 인쇄한 문서의 크기 및 페이지 수를 기록합니다.

이벤트 ID	내용
Microsoft-Windows-Application-Experience/Program-Compatibility-Assistant.evtx (Windows 10)	
307	문서 인쇄 완료 소유자, 위치, 프린터 이름, 인쇄 문서 크기, 인쇄된 페이지
801	작업 인쇄 중
802	작업 삭제 중
842	인쇄 작업이 프린터로 전송됨

이벤트 로그 분석 | **259**

- 원격 연결/해제

원격 연결 또한 비밀자료 유출경로가 될 수 있습니다. 원격 연결 로그는 Microsoft-Windows- RDPClient/Operational.evtx에 기록되며, 이벤트 ID 1024번과 1102번에서 연결을 시도한 Guest PC의 주소를 확인할 수 있고, 1027번은 컴퓨터 이름을 확인할 수 있습니다.

원격 데스크톱 연결/해제 이벤트 ID

이벤트 ID	내용
Microsoft-Windows-TerminalServices-RDPClient/Operational.evtx (Windows 10)	
1024	RDP ClientActiveX가 서버에 연결하려고 함
1102	클라이언트가 서버에 대한 다중 전송 연결을 시작함
1027	도메인에 연결 완료 도메인 이름
Security.evtx (Windows 7, 10)	
4689	프로세스가 끝남 주체, 프로세스 정보

- PC 시작/종료

PC 시작/종료 관련 로그는 System.evtx에서 확인할 수 있습니다. 이벤트 ID 12, 13번은 각각 운영체제 시작/종료시간을 나타내고, 이는 UTC+0을 따릅니다. 6013번은 시스템 작동시간에 대한 정보로 부팅 후 경과한 시간을 초 단위로 나타냅니다.

PC 시작/종료 이벤트 ID

이벤트 ID	내용
	System.evtx PC Startup (Windows 7, 10)
12	운영체제가 시작됨 시스템 시간
6013	시스템 작동시간
	System.evtx PC Shutdown (Windows 7, 10)
13	운영체제가 종료됨 시스템 시간
1074	컴퓨터의 전원 끄기/다시 시작을 수행함 컴퓨터 이름, 종료 유형

- 로그온/오프

Microsoft-Windows-UserProfileService.evtx와 Security.evtx 파일에서 로그온(이벤트 ID 1, 2, 4648번)과 로그오프(이벤트 ID 3, 4, 7002번) 관련 메시지가 있으며 해당 로그가 기록된 시간이 로그온/오프 시각입니다.

로그온/오프 이벤트 ID

이벤트 ID	내용
	User Profile Service/Operational.evtx
1	사용자 로그온 알림을 받음
2	사용자 로그온 알림 프로세스 완료
3	사용자 로그오프 알림을 받음
4	사용자 로그오프 알림 프로세스 완료
	Security.evtx
4648	명시적 자격 증명을 사용하여 로그온을 시도 주체, 자격 증명이 사용된 계정
7002	고객 경험 개선프로그램을 위한 사용자 로그오프 알림

- 시스템 시간 변경

시스템 날짜 및 시간 변경은 Microsoft-Windows-DateTimeControlPanel.evtx에 기록되며, 임의로 시간을 변경한 정보(이벤트 ID 20000번)와 변경된 표준 시간대 정보(이벤트 ID 20001번)가 남습니다. System.evtx 파일에도 변경 전/후 시간이 기록됩니다. 시간 변경을 통해 파일들의 시간 정보나 메타데이터를 조작하는 경우가 있어 분석이 필요합니다.

시스템 시간 변경 이벤트 ID

이벤트 ID	내용
	System.evtx (Windows 7, 10)
1	시스템 시간 변경 내역, 변경 이유
	Microsoft-Windows-DateTimeControlPanel.evtx (Windows 7, 10)
20000	변경한 날짜 및 시간 정보
20001	변경한 표준 시간대 정보

– 파일 조작 여부 확인

많은 악성코드는 인터넷에서 다른 악성코드를 다운하는 행위를 합니다. 또한 사용자가 파일을 지우거나 수정한 행위에 대한 조사가 필요한 경우도 있습니다. 파일 수정/삭제 관련 로그는 Security.evtx 이벤트 ID 4660번, 4663번으로 기록됩니다. 파일이 삭제되면 해당 개체의 핸들 ID가 4660번에 기록되며 같은 핸들 ID가 기록된 4663번 로그에 삭제된 파일의 이름이 존재합니다. 파일 수정 이벤트 발생 시에는 4663번만 기록됩니다. 메시지 내 액세스 요청 정보는 WriteData 또는 AddFile입니다.

파일 조작 여부 확인 이벤트 ID

이벤트 ID	내용
Security.evtx (Windows 7, 10)	
4660	개체가 삭제됨 계정 이름, 개체 조작 ID, 프로세스 정보
4663	개체에 엑세스하려고 시도됨 개체 이름, 접근 프로세스 ID, 이름, 접근 요청 정보

CHAPTER 16

웹브라우저
포렌식

• • •　웹브라우저(Web Browser)는 인터넷을 통해 뉴스, 맛집, 교통정보 등 정보 검색, 파일 다운로드, 전자메일 사용, 금융거래, 소셜 미디어 활동을 가능하게 하는 프로그램입니다. 사용자와 웹서버(Web server)의 쌍방향 통신을 지원하며 HTML 문서, 그림, 영상, 음성을 수신, 전송 및 표현해주는 응용소프트웨어입니다.[114]

2020년 과기정통부의 2020 인터넷이용실태조사에서 보면 국민 인터넷 이용률은 91.9%이고 개인별 이용시간은 주 평균 20.1시간으로 웹브라우저를 통해 더 다양한 활동을 하며 더 많은 시간을 인터넷세상에서 보내고 있습니다.[115,116] 그러므로 더 많은 범죄자가 웹브라우저를 사용하여 통신 사기나 사이버 범죄, 익명성을 이용한 허위사실 유포죄, 범행 정보수집, 피해자 탐색, 범죄자 간 공모 등의 더 다양한 활동을 할 수 있습니다. 따라서 검색기록, 웹서버 접근기록, 범죄자들 간의 접촉기록 등 웹브라우저를 사용한 후 남아있는 기록은 범행의 직접 또는 정황증거로 매우 중요합니다. 최근의 생수병 사건의[117] 경우 독극물 구매기록은 강력한 증거라고 생각되며 구미 3세 여아 살인사건의 경우 '셀프출산' 검색기록은 정황증거의 한 예일 수 있습니다.[118] 웹브라우저 포렌식을 통해 얻을 수 있는 정보는 브라우저 종류, 방문한 사이트, 방문시간, 방문횟수, 자주 방문하는 사이트, 검색어, 다운받은 흔적 등의 정보를 확인 가능합니다.

예전에는 Windows 운영체제의 기본 웹브라우저로 사용된 Internet Explorer가 가장 많이 사용되었습니다. 그러나 Windows 10에서 Microsoft EDGE로 대체되었습니다. 현재는 2021년 9월의 웹브라우저 시장점유율을 살펴보면 데스크톱에서는 크롬이 69.76% 모바일에서는 63.9%를 점유한 압도적으로 많이 사용되는 웹브라우저입니다.[119]

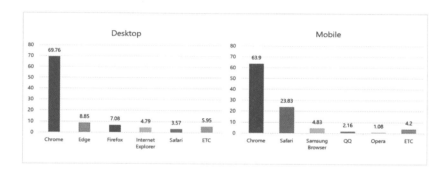

그 외의 크롬엔진 기반 Third-party개발 웹브라우저는 360 Extreme Explorer, Avast SafeZone, Chromium, QIP Surf, Baidu Spark, Amigo 등이 있고 Mozilla에 의해 개발된 Gecko 기반 웹브라우저는 Firefox, Waterfox, Cyberfox, SeaMonkey, Netscape Navigator, Vega 등이 있습니다. 또한 중국에도 여러 가지 웹브라우저 Qihoo 360 Secure Browser, Baidu Browser Tencent QQ Browser, Sogou browser, Maxthon, UC browser 등이 있고 대부분이 크롬 기반 엔진입니다.[120]

웹브라우저와 관련된 정보는 히스토리정보, 쿠키정보, 캐시정보, 다운로드정보, 세션정보, 자동완성정보 등이 있습니다.[121,122,123,124,125,126,127]

1) History

사용자가 방문한 웹사이트의 기록으로 URL, 접속시간, 접속횟수 등이 있으며 검색어 정보 추출, 아이디, 패스워드 추출을 할 수 있습니다. 히스토리 분석을 통하여 방문한 URL을 통해 사용자 행위를 분석합니다.

BrowsingHistroyView

2) Cache

사용자가 방문한 웹사이트 정보를 기록하고 있는 파일로 이 사이트를 재방문할 때 다시 웹사이트 데이터를 받지 않고 캐시정보를 이용하여 빠르게 웹페이지 로딩 가능하게 하는 파일입니다. Cache 데이터와 Cache 인덱스가 있습니다.

Cache 데이터에는 웹사이트를 구성하는 이미지, 텍스트, 아이콘, HTML 파일, XML 파일 등이 있습니다.

Cache 인덱스에는 다운로드 URL, 다운로드 시간, Cache 데이터 파일명, Cache 데이터 크기, Cache 데이터 위치 등이 있습니다.

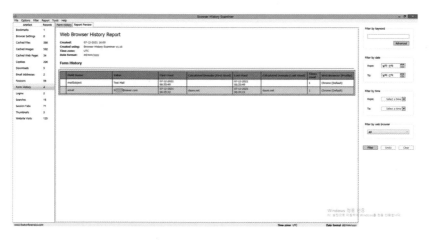

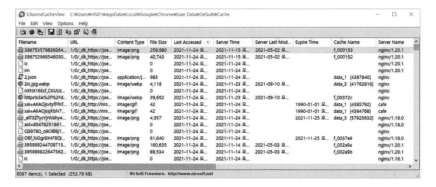

ChromeCacheView

3) Cookie

웹사이트에서 사용자가 접속 상태를 유지를 하기 위해 쿠키라는 임시 저장소를 만들어 호스트 경로, 쿠키 수정시간, 쿠키 만료시간, 이름, 값 등을 저장합니다. 자동 로그인 기능, 열람한 물건 리스트 등을 위해 쿠키를 이용합니다. 쿠키분석을 통하여 접속한 사이트, 사용한 서비스, 해당 사이트의 마지막 접속시간, 로그인 아이디 등을 알 수 있습니다.

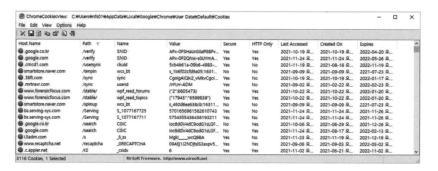

ChromeCookiesView

4) Download 기록

사용자가 직접 필요로 하여 웹사이트에서 사용자 PC로 다운로드받은 파일의 기록이며 다운로드 파일의 로컬 저장 경로, 다운로드 소스 URL, 파일 크기, 다운로드 시간, 다운로드 성공 여부 등을 알 수 있습니다.

CHAPTER 17

구글 Chrome 브라우저

. . .

웹브라우저 – Chrome

- 전 세계 점유율 1위 웹브라우저
- 가장 빠른 속도와 가장 적은 CPU점유율
- 안정성과 효율적인 인터페이스 중점

Chrome 로그파일들은 밑에 경로에 저장되어있습니다.

내용	저장 위치
History download	C:\Users\[user]\AppData\Local\Google\Chrome\User Data\Default\ History 파일
Cookie	C:\Users\[user]\AppData\Local\Google\Chrome\User Data\Default\ Cookies 파일
Cache	C:\Users\[user]\AppData\Local\Google\Chrome\User Data\Default\ Cache\

History, Cookie, Download List 정보는 SQLite Database 파일 형태로 저장되어있으며 Download List 정보는 History 파일 안에 함께 저장되어있습니다. Cache 데이터는 위 경로상의 Cache폴더 내 아래와 같은 이름으로 저장되

어있습니다.

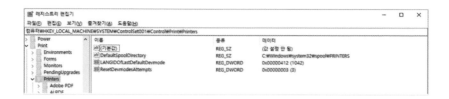

Chrome Cache

Cache폴더를 살펴보면 여러 파일이 존재합니다.

- data_0 파일에는 인덱스 정보가 저장되어있습니다.
- 캐시 데이터 용량이 적은 경우 data_1, data_2, data_3에 저장됩니다.
- 캐시 데이터가 큰 경우 f_0001부터 연속된 파일에 캐시 데이터가 저장되어있습니다.
- data_0 파일구조

인덱스 레코드가 저장됨(URL 레코드의 위치정보 저장)

오프셋 0x2000부터 0x24바이트 단위로 저장

	00	01	02	03	04	05	06	07	08	09	0A	0B	0C	0D	0E	0F
0x00																
0x10							URL 레코드 위치 정보									
0x20																

```
01fe0  00 00 00 00 00 00 00 00-00 00 00 00 00 00 00 00  ................
01ff0  00 00 00 00 00 00 00 00-00 00 00 00 00 00 00 00  ................
02000  31 34 E7 F9 B1 27 2F 00-31 34 E7 F9 B1 27 2F 00  14çù±'/·14çù±'/·
02010  6F 2A 00 90 02 00 00 90-02 00 01 A0 00 00 00 00  o*..............
02020  AD 3E BB 95 52 93 E8 F9-B1 27 2F 00 52 93 E8 F9  ->» R·èù±'/·R·èù
02030  B1 27 2F 00 02 00 00 90-05 00 00 90 03 00 01 A0  ±'/.............
02040  00 00 00 00 F4 4E FC D8-BE 59 E7 F9 B1 27 2F 00  ....ôNüØ¾Yçù±'/·
02050  BE 59 E7 F9 B1 27 2F 00-00 00 00 90 01 00 00 90  ¾Yçù±'/·........
```

URL 레코드 위치정보　　　 : 02 00 01 A0

URL 레코드 위치　　　　　 : 블록 인덱스 * 블록의 단위 + 0x2000

블록의 단위

data_1 : 0x100

data_2 : 0x400

data_3 : 0x1000

∴ data_1의 0x0002 * 0x100 + 0x2000 = 0x2200

- data_1, data_2, data_3 파일구조

　오프셋 0x2000부터 0x24바이트 단위로 저장

- data_n(n=1, 2, 3)에서의 URL 레코드 구조

● URL(URL 레코드에 저장), 메타데이터, Cache 데이터 저장

● 오프셋 0x2000부터 블록 단위로 저장

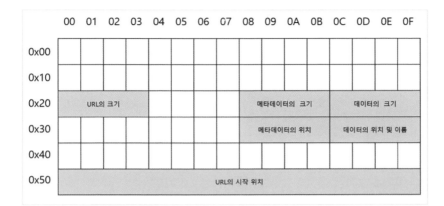

	00	01	02	03	04	05	06	07	08	09	0A	0B	0C	0D	0E	0F
0x00																
0x10																
0x20	URL의 크기						메타데이터의 크기				데이터의 크기					
0x30							메타데이터의 위치				데이터의 위치 및 이름					
0x40																
0x50	URL의 시작 위치															

data_1

```
Offset(h) 00 01 02 03 04 05 06 07 08 09 0A 0B 0C 0D 0E 0F   Decoded text
00002600  F7 99 60 04 00 00 00 00 B3 2B 00 90 00 00 00 00   ÷™`.....³+......
00002610  00 00 00 00 00 00 00 00 FA 73 0E E9 00 30 2F 00   ........ús.é.0/.
00002620  1A 01 00 00 00 00 00 00 64 1F 00 00 39 00 00 00   ........d...9...
00002630  00 00 00 00 00 00 00 00 FC 1C 03 C1 2B 5B 01 A0   ........ü..Á+[.
00002640  00 00 00 00 00 00 00 00 00 00 00 00 00 00 00 00   ................
00002650  00 00 00 00 00 00 00 00 00 00 00 00 56 90 44 10   ............V.D.
00002660  31 2F 30 2F 5F 64 6B 5F 68 74 74 70 73 3A 2F 2F   1/0/_dk_https://
00002670  67 6F 6F 67 6C 65 2E 63 6F 6D 20 68 74 74 70 73   google.com https
00002680  3A 2F 2F 67 6F 6F 67 6C 65 2E 63 6F 6D 20 68 74   ://google.com ht
00002690  74 70 73 3A 2F 2F 77 77 77 2E 67 6F 6F 67 6C 65   tps://www.google
000026A0  2E 63 6F 6D 2F 63 6F 6D 70 6C 65 74 65 2F 73 65   .com/complete/se
000026B0  61 72 63 68 3F 71 3D 25 45 42 25 38 42 25 42 39   arch?q=%EB%8B%B9
000026C0  25 45 41 25 42 38 25 42 30 25 45 43 25 38 42 25   %EA%B8%B0%EC%8B%
000026D0  39 43 25 45 43 25 39 38 25 41 34 26 63 70 3D 30   9C%EC%98%A4&cp=0
```

data_0   **data_1**   **data_2**   **data_3**

```
Offset(h) 00 01 02 03 04 05 06 07 08 09 0A 0B 0C 0D 0E 0F   Decoded text
003D5800  D7 AD 1D 97 00 00 00 00 1E 2D 00 90 00 00 00 00   ×..—....¯......
003D5810  00 00 00 00 00 00 00 00 82 35 AB 45 15 30 2F 00   ........,5«E.0/.
003D5820  CB 01 00 00 00 00 00 00 58 1F 00 00 67 14 00 00   Ë.......X...g...
003D5830  00 00 00 00 00 00 00 00 7E 08 03 C1 0A 17 03 C1   ........~..Á...Á
003D5840  00 00 00 00 00 00 00 00 00 00 00 00 00 00 00 00   ................
003D5850  00 00 00 00 00 00 00 00 00 00 00 00 ED B9 68 BC   ............í¹h¼
003D5860  31 2F 30 2F 5F 64 6B 5F 68 74 74 70 73 3A 2F 2F   1/0/_dk_https://
003D5870  67 6F 6F 67 6C 65 2E 63 6F 6D 20 68 74 74 70 73   google.com https
003D5880  3A 2F 2F 67 6F 6F 67 6C 65 2E 63 6F 6D 20 68 74   ://google.com ht
003D5890  74 70 73 3A 2F 2F 77 77 77 2E 67 6F 6F 67 6C 65   tps://www.google
003D58A0  2E 63 6F 6D 2F 6D 61 70 73 2F 76 74 3F 70 62 3D   .com/maps/vt?pb=
003D58B0  21 31 6D 35 21 31 6D 34 21 31 69 31 38 21 32 69   !1m5!1m4!1i18!2i
003D58C0  32 32 34 32 35 36 21 33 69 31 30 31 37 34 33 21   224256!3i101743!
003D58D0  34 69 32 35 36 21 32 6D 33 21 31 65 30 21 32 73   4i256!2m3!1e0!2s
003D58E0  6D 21 33 69 35 38 33 33 30 37 34 36 36 21 32 6D   m!3i583307466!2m
003D58F0  31 34 31 31 65 32 21 32 73 73 70 6F 74 6C 69 67   14!1e2!2ssportlig
```

데이터의 위치 : data_3, 0x170A

오프셋 : 0x170A * 0x1000 + 0x2000 = 0x170C000

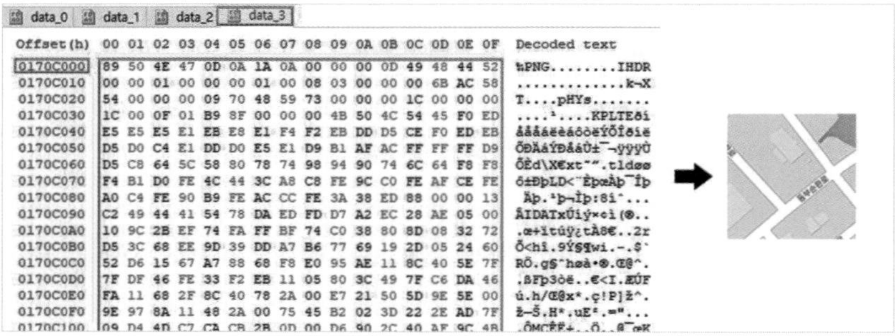

History

SQLite 데이터베이스 형식으로 History라는 파일 이름에 정보가 저장되었습니다. 중요한 테이블에는 urls 테이블, visits 테이블, downloads 테이블이 있습니다.

\- urls 테이블

구조를 살펴보면 id, url, title, visit_count, last_visit_time 등의 필드가 존재하며 같은 url이 중복 저장되지 않고 id로 구분되어집니다. 중복방문 시 마지막 접속시간을 저장합니다.

방문타입(1 : URL 타이핑 접속, 0 : 링크 접속)

방문시간(1601년 1월 1일 00:00:00 기준 경과된 마이크로초), 방문횟수 등을 저장하고 있습니다.

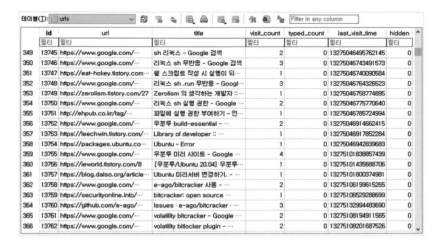

	id	url	title	visit_count	typed_count	last_visit_time	hidden
	필터	필터	필터	필터	필터	필터	필터
349	13745	https://www.google.com/⋯	sh 리눅스 - Google 검색	2	0	13275046495762145	0
350	13746	https://www.google.com/⋯	리눅스 sh 무반응 - Google 검색	3	0	13275046743491573	0
351	13747	https://eat-hokey.tistory.com⋯	쉘 스크립트 작성 시 실행이 되⋯	1	0	13275046740090584	0
352	13748	https://www.google.com/⋯	리눅스 sh .run 무반응 - Googl⋯	3	0	13275046764326523	0
353	13749	https://zerolism.tistory.com/27	Zerolism 의 생각하는 개발자 ::⋯	1	0	13275046758774895	0
354	13750	https://www.google.com/⋯	리눅스 sh 실행 권한 - Google ⋯	2	0	13275046775770640	0
355	13751	http://ehpub.co.kr/tag/⋯	파일에 실행 권한 부여하기 - 언⋯	1	0	13275046785724994	0
356	13752	https://www.google.com/⋯	우분투 build-essential - ⋯	2	0	13275046914662415	0
357	13753	https://leechwin.tistory.com/⋯	Library of developer :: ⋯	1	0	13275046917852284	0
358	13754	https://packages.ubuntu.co⋯	Ubuntu - Error	1	0	13275046942839683	0
359	13755	https://www.google.com/⋯	우분투 미러 사이트 - Google ⋯	4	0	13275101838857439	0
360	13756	https://ieworld.tistory.com/8	[우분투/Ubuntu 20.04] 우분투⋯	1	0	13275101435688706	0
361	13757	https://blog.dalso.org/article⋯	Ubuntu 미러서버 변경하기. - ⋯	1	0	13275101800374981	0
362	13758	https://www.google.com/⋯	e-ago/bitcracker 사용 - ⋯	2	0	13275106199615265	0
363	13759	https://securityonline.info/⋯	bitcracker: open source ⋯	1	0	13275106529288699	0
364	13760	https://github.com/e-ago/⋯	Issues · e-ago/bitcracker ⋯	3	0	13275132994483690	0
365	13761	https://www.google.com/⋯	volatility bitcracker - Google ⋯	2	0	13275108194911565	0
366	13762	https://www.google.com/⋯	volatility bitlocker plugin - ⋯	2	0	13275108201687526	0

- visits 테이블

방문한 url ID, 방문시간, 방문기간 등 실제 방문 시의 정보를 가지고
있으며 url정보는 urls 테이블에서 ID로 알아낼 수 있습니다.

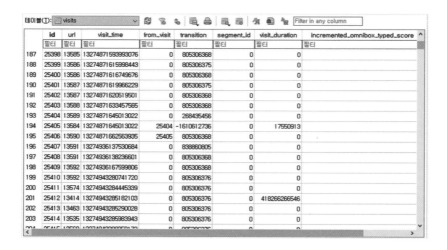

- downloads 테이블

소스 URL, 다운받은 경로, 다운로드 시간, 다운로드 파일 크기, 다운로드
상태 : 성공(1), 실패(0)를 알 수 있습니다.

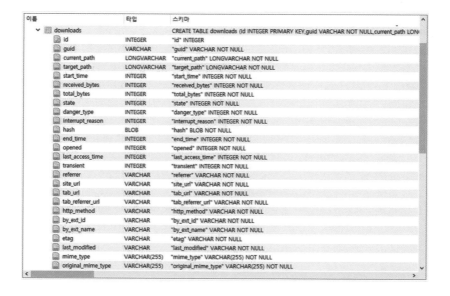

Cookie

SQLite데이터베이스 형식으로 Cookies라는 파일 이름에 정보가 저장되었습니다. 중요한 테이블에는 Cookies 테이블이 있습니다.

저장된 정보는 호스트, 경로, 방문횟수, 마지막 접근시간, 쿠키 만료시간 등이 있습니다. 시간기준은 1601년 1월 1일 00:00:00 기준 경과된 마이크로초입니다.

Edge 로그경로

Edge 브라우저는 "WebCacheV01.dat" 파일을 통하여 모든 History, Cache, Cookie 등 로그를 관리합니다.

-%UserProfile%\AppData\Local\Microsoft\Windows\WebCache\ WebCacheV01.dat – 히스토리, 쿠키정보, 다운목록 등 저장

정보	경로	분석도구
Cache		esentutl
Histroy	%USERPROFILE%\AppData\Local\	ESEDatabaseView
Cookie	Microsoft\Windows\WebCache\	IE10Analyzer
Download	WebCacheV01.dat	

Edge 브라우저 로그경로 및 분석도구

WebCacheV01.dat : ESE(Extensible Storage Engine) Database Format의
파일입니다. 헤더와 페이지로 이루어져 있으며, B+ 트리구조로 이루어져
있습니다. 아래의 표에서 파일의 구조를 볼 수 있습니다.

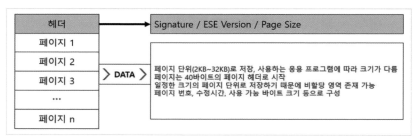

WebCacheV01.dat 파일의 구조

범위(Hex)	크기(Btye)	이름	설명
0x00 ~ 0x03	4	CheckSum	
0x04 ~ 0x07	4	File signature	
0x08 ~ 0x0B	4	File format version	
0x10 ~ 0x17	8	Database time	
0x18 ~ 0x33	28	Database signature	
0x34 ~ 0x37	4	Database state	
0xE8 ~ 0xEB	4	File format revision	
0xEC ~ 0xEF	4	Page size	
0x154 ~ 0x15B	8		

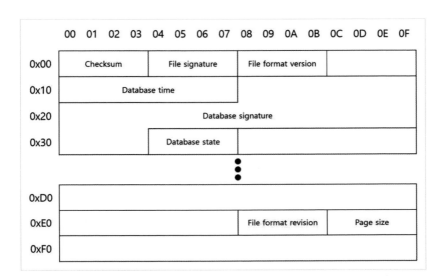

WebCacheV01.dat

```
Offset(h) 00 01 02 03 04 05 06 07 08 09 0A 0B 0C 0D 0E 0F  Decoded text
00000000  93 F5 33 81 EF CD AB 89 20 06 00 00 00 00 00 00  "õ3.ïÍ«‰ .......
00000010  9A 73 0B 00 00 00 00 00 51 BA 2C F8 35 03 07 14  šs......Qº,ø5...
00000020  0B 78 E9 06 00 00 00 00 00 00 00 00 00 00 00 00  .xé.............
00000030  00 00 00 00 02 00 00 00 36 00 58 00 49 10 00 00  ........6.X.I...
00000040  1E 35 07 13 0B 79 6B 00 20 35 07 13 0B 79 59 08  .5...yk. 5...yY.
00000050  68 02 5A 00 49 10 00 00 00 00 00 00 00 00 00 00  h.Z.I...........
00000060  00 00 00 00 00 00 00 00 01 00 00 00 C5 E2 8D 3B  ............Åâ.;
00000070  35 24 05 08 0A 76 17 0C 00 00 00 00 00 00 00 00  5$...v..........
00000080  00 00 00 00 00 00 00 00 00 00 00 00 00 00 00 00  ................
00000090  00 00 00 00 00 00 00 00 00 00 00 00 00 00 00 00  ................
000000A0  00 00 00 00 00 00 00 00 00 00 00 00 00 00 00 00  ................
000000B0  00 00 00 00 00 00 00 00 00 00 00 00 00 00 00 00  ................
000000C0  00 00 00 00 00 00 00 00 00 00 00 00 00 00 00 00  ................
000000D0  00 00 00 00 3A 04 00 00 0A 00 00 00 00 00 00 00  ....:...........
000000E0  63 4A 00 00 00 00 00 00 6E 00 00 00 00 80 00 00  cJ......n....€..
000000F0  00 00 00 00 00 00 00 00 00 00 00 00 00 00 00 00  ................
00000100  00 00 00 00 00 00 00 00 00 00 00 00 00 00 00 00  ................
00000110  00 00 00 00 00 00 00 00 00 00 00 00 00 00 00 00  ................
00000120  00 00 00 00 00 00 00 00 56 10 00 00 56 10 00 00  ........V...V...
00000130  00 00 00 00 00 00 00 00 00 00 00 00 00 00 00 00  ................
00000140  00 00 00 00 00 00 00 00 00 00 00 00 00 00 00 00  ................
00000150  00 00 00 00 20 06 00 00 14 00 00 00 2B 3A 03 19  .... .......+:..
00000160  0B 79 75 04 00 00 00 00 00 00 00 00 00 00 00 00  .yu.............
00000170  00 00 00 00 00 00 00 00 00 00 00 00 00 00 00 00  ................
00000180  00 00 00 00 00 00 00 00 00 00 00 00 00 00 00 00  ................
00000190  00 00 00 00 00 00 00 00 00 00 00 00 00 00 00 00
```

IE10Analyzer 도구 사용

· WebCacheV01.dat 데이터를 보다 편리하게 분석 가능

· WebCacheV01.dat 파일을 복사하는 일련의 과정 없이 바로 파일 열람
가능

· 삭제된 데이터를 복구하여 분석 가능

· 분석 위해 파일 열람 시 UTC+9로 설정

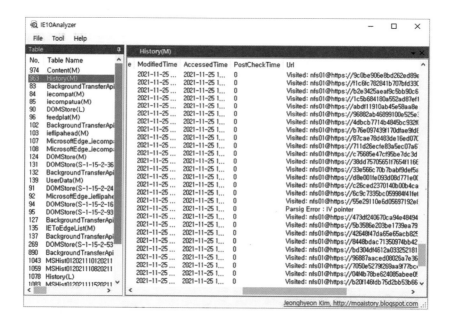

3) 삭제 데이터 복구

· ESE 데이터베이스 파일은 레코드를 삭제하면 태그와 데이터가
삭제되지 않고, 레코드 수와 페이지 종류만 변경됩니다. 따라서 브라우저를
통해 삭제한 기록은 WebCacheV01.dat 파일을 통해 복구가 가능합니다.

- IE10Analyzer 도구를 이용하여 복구 및 분석 진행
- Edge와 InternetExplorer 브라우저의 기록을 삭제 후 복구를 진행

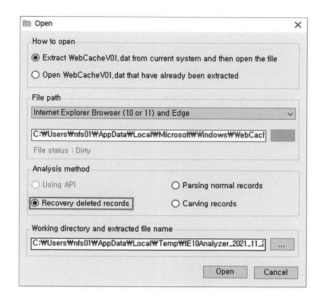

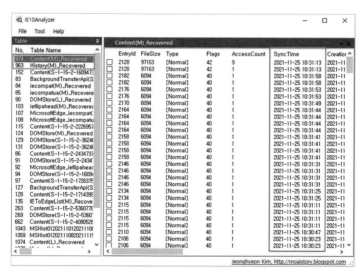

Browser History Examiner 사용법

① File 〉 Capture History 〉 Capture history from this computer

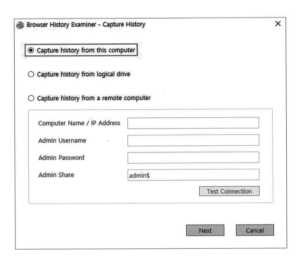

② 캡처 설정, 결과폴더 설정 〉 Capture

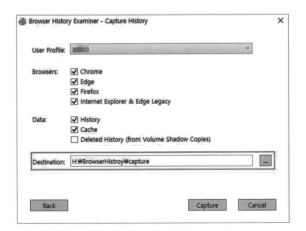

③ File 〉 Load History 〉 결과폴더 지정

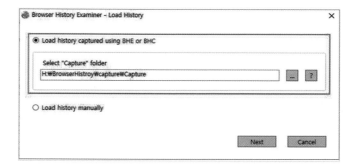

④ 아티팩트 확인

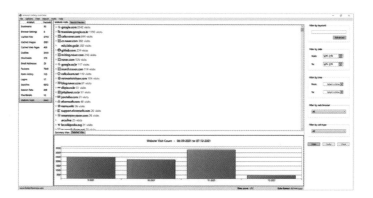

PART V

안티
포렌식

CHAPTER 1

안티 포렌식이란

●●●● 최근 디지털 포렌식 발전이 급격하게 이루어지고 법정에 제출되는 디지털 증거의 중요성이 높아짐에 따라 범죄자가 다양한 기술을 이용하여 자신에게 불리한 디지털 증거를 없애거나 흔적을 숨기거나 삭제하는 안티 포렌식(AntiForensic)기술도 발전하고 있습니다. Rogers는 안티 포렌식을 "범죄현장에서 증거의 존재, 양 또는 품질에 부정적인 영향을 미치거나 증거 조사를 수행하기 어렵거나 불가능하게 하려는 시도"로 정의하였습니다.[128]

안티 포렌식
유형

V

안티 포렌식

• • • • Rogers(2006)는 안티 포렌식에 4가지 기본범주가 있다고 설명합니다. 데이터 은닉, 아티팩트 삭제, 흔적 난독화, 컴퓨터 포렌식 프로세스 또는 도구에 대한 공격입니다.

2.1. 데이터 은닉 (Data Hiding)

- 데이터는 컴퓨터 하드 드라이브의 여유공간과 할당되지 않은 공간뿐만 아니라 여러 유형의 파일 메타데이터에 숨겨져 있을 수 있습니다. MBR(마스터 부트 레코드), 할당되었지만 사용되지 않은 장치 드라이버 레지스터 및 테이블, 보호된 시스템 영역, 하드 드라이브의 숨겨진(및 암호화된) 파티션에 데이터를 숨기는 데 사용될 수 있습니다.

반면에 스트리밍 파일은 사용자가 단일 기본 파일의 테이블 항목에 둘 이상의 파일을 연결할 수 있는 프로세스입니다.

- 파일 확장자를 변경하여 데이터를 숨길 수도 있습니다. 컴퓨터 내 파일은 파일 확장자로 식별됩니다. 예를 들어 파일 텍스트 파일은 실행 가능한 프로그램 파일처럼 보이도록 확장자를 .txt에서 .exe로 변경하여 숨길 수 있습니다.

국내에서 벌어진 왕재산 사건에서 "data.hdr" 파일을 "data.exe"로 파일 확장자를 변경하여 숨긴 경우가 발생하였습니다.[129]

- 데이터 은닉은 다양한 방법으로 수행할 수 있습니다. 스테가노그래피는 정보나 파일을 다른 파일에 숨기는 기술입니다. 디지털 스테가노그래피 도구는 1990년대 중반부터 사용되었으며 이미지, 오디오, 비디오 및 실행 파일을 포함한 다양한 유형의 파일에 숨길 수 있습니다.

스테가노그래피용 소프트웨어가 공개되어있습니다. Steghide는 그러한 프로그램 중 하나이며 http://steghide.sourceforge.net/에서 사용할 수 있습니다. 최근에는 문서작성프로그램의 기능을 이용한 데이터 은닉사례가 늘고 있습니다. Microsoft Office 제품군은 전 세계적으로 널리 쓰이고 있는 문서작성프로그램이며 문서파일구조의 특징상 데이터 은닉이 용이합니다.

OLE(Object Linking and Embedding) 파일포맷은 MS Office 2007 이전 버전과 HWP Document File Format 5.0 버전에서 사용하며 2007 이후 버전은 Open Office XML(OOXML)의 구조를 사용합니다. OLE 파일포맷은 파일시스템 중에서 FAT 파일시스템과 유사한 구조를 지녀 내부에서 파일과 폴더의 개념인즉, 복합문서 파일 형태의 구조로서 데이터를 숨기기 쉽습니다. OLE구조를 가지는 복합문서 파일은 doc, ppt, xls, hwp 등이며

OOXML구조를 가지는 PK 파일은 docx, pptx, xlsx 등입니다.[130,131,132,133]

충북동지회 사건에서는 북한 문화교류국 공작원이 2019년 5월 3일 '한국과 베트남, 두 나라 이야기.docx'에 반보수 집중투쟁 지령문을 숨겨서 보냈다는 사례가 발생하였습니다.[134]

- Rogers의 정의에는 데이터 은닉에 암호화가 포함되어있지 않으나 Kevin의 연구에는 암호화가 데이터 은닉에 포함되는 것으로 확장되었습니다. 이 책에서는 다른 챕터에서 암호화를 설명합니다.[135]

2.2. 아티팩트 삭제 (Artifact Wiping)

- 파일을 shift+del 하여 삭제하여도 저장매체에 파일이 실제로 지워지지 않고 운영체제에 의해 할당이 해제됩니다. 따라서 다른 파일이 덮어 쓰이지 않은 할당해제공간에 삭제된 파일이 존재하면 복구될 수 있습니다. 따라서 완전 삭제를 위하여 BC Wipe, Eraser, PGP Wipe와 같은 다양한 도구를 사용하며 이 프로그램은 데이터 완전 삭제, 여유공간 및 할당되지 않은 공간 지우기에 여러 번 덮어쓰기를 사용하기 때문에 완전 삭제가 가능하며 복구가 불가능합니다.[136]

- 사용자가 하드 드라이브를 채우는 불필요한 임시파일을 제거하여 저장공간을 복구하고 브라우저기록 등을 제거하여 개인정보를 보호할 수 있도록 하는 wiping 소프트웨어가 있습니다. Evidence Eliminator, Secure Clean 및 Window Washer와 같은 소프트웨어가 이에 해당되는데 이 프로그램은 브라우저기록 및 캐시파일을 제거하고 윈도 레지스트리

등을 삭제하여 개인정보보호에 효과적입니다. 그러나 이러한 제거는 디지털 포렌식 분석을 어렵게 하거나 완전히 무력화시킬 가능성이 있으나 대부분의 프로그램은 지우기의 식별 가능한 흔적을 남기고 많은 것이 광고하는 것만큼 완전하지 않습니다.[137]

2.3. 흔적 난독화 (Trail Obfuscation)

- 흔적 난독화는 디지털 시스템 또는 네트워크에 대한 포렌식 조사의 방향을 바꾸고 방향을 바꾸려는 의도적인 활동이며 서버 로그파일 및/또는 시스템 이벤트 파일을 지우거나 변경하거나 다양한 파일의 날짜를 변경하여 수행할 수도 있습니다.
- 전자메일 조사를 혼동시키는 방법에는 잘못된 헤더 심기, 개방형 SMTP(Simple Mail Transfer Protocol) 프록시 및 익명 SSH(Secure Shell) 터널 서버를 사용하여 보낸 메일 메시지의 출처를 확인할 수 없도록 합니다.

2.4. 컴퓨터 포렌식 프로세스/도구에 대한 공격
(Attacks Against Computer Forensics Tools)

디지털 포렌식 분석가는 존재하는 모든 증거를 찾아 올바르게 해석할 수 있지만 법원에서 이를 믿지 않으면 전체 작업이 의미가 없습니다. 안티 포렌식의 목적이 무의미한 디지털 증거를 만드는 것이라면, 디지털 포렌식

도구의 신뢰성에 의문을 제기하는 것은 매우 유효한 작업입니다.

- 증거의 신뢰성을 공격하여 법적 시스템 앞에 제시되는 것을 무용지물로 만드는 것입니다. 이를 수행하는 가장 일반적인 방법 중 하나는 메타데이터를 수정하는 것입니다. 메타데이터는 파일이 생성될 때 생성되는 데이터에 대한 데이터입니다. 타임스탬프는 문서가 생성, 마지막 액세스 또는 마지막 수정된 시간을 나타내는 메타데이터 유형입니다.

타임스탬프 메타데이터는 Metasploit Timestomp 및 File Touch와 같은 오픈소스 도구를 사용하여 쉽게 변경할 수 있습니다.

- 증거 수집에 사용된 도구의 취약성을 악용하여 디지털 증거의 신뢰성을 공격하기도 합니다. EnCase와 같은 포렌식 툴을 이용하여 '42.zip' 같은 압축 폭탄을 열려고 시도하면 포렌식 툴이 동작불능이 됩니다. 이 파일은 압축형식으로 42,374바이트이지만 16개의 압축 파일을 포함하고 이러한 각 파일에는 다시 16개의 압축 파일 등이 포함됩니다. 모든 파일의 압축을 푼 후 차지하는 공간의 양은 약 4.5PB입니다.

안티 포렌식
실습

3.1. 파일 시그니처 분석

jpg, doc 등 여러 종류의 파일들은 OS나 프로그램이 파일 종류를 정확하게 식별하여 열리거나 실행되게 하기 위하여 고유한 파일 시그니처를 가지고 있습니다. 즉 파일 시작 부분에 파일 헤더와 파일 끝부분에 파일푸터(Footer)를 가지고 있습니다. 이 파일 시그니처를 이용하여 파일 확장자로 연결된 프로그램은 해당되는 파일 종류인지 식별합니다. JPEG 파일의 경우 FFD8의 헤더와 FFD9의 푸터를 가지고 있으며 Zip 파일의 경우 50 4B 03 04의 헤더를 가지고 있어 헥사 에디터로 확인하면 파일 종류를 알 수 있습니다. 데이터 은닉을 위해 확장자를 변경하는 경우가 있어 EnCase나 Autopsy 같은 포렌식 툴은 파일 시그니처 분석 기능을 제공합니다.

3.2. 파일 감추기

문서 파일 내 은닉

- OLE구조를 가지는 복합문서 파일(doc, ppt, xls, hwp) 내 은닉
- OOXML구조를 가지는 PK 파일(docs, pptx, xlsx) 내 은닉

3.2.1. 복합문서 파일 내 은닉

1) SSViewer(Structured Storage Viewer) 도구 실행 〉 File 〉 Open 〉 파일을
은닉할 복합문서 열기

2) 파일을 은닉할 폴더 생성 및 빈 파일 생성

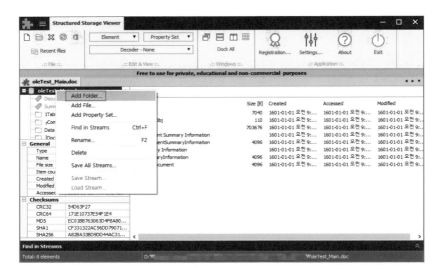

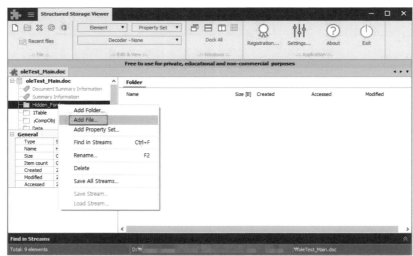

3) 비어있는 파일 선택 〉 숨길 파일에 맞는 형식 지정 〉 Load Stream

4) 형식에 맞는 숨길 파일(Hex, Text, Image 등) 선택 〉 열기

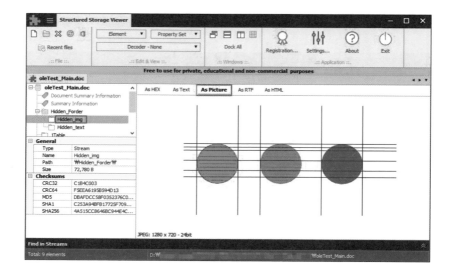

5) 숨김 확인

3.2.2. PK 파일 내 은닉

압축 파일 형태로 손쉽게 확인이 가능

1) PK시그니처 확인

```
📄 Main_Document.docx

Offset(h)  00 01 02 03 04 05 06 07 08 09 0A 0B 0C 0D 0E 0F  Decoded text
00000000   50 4B 03 04 14 00 06 00 08 00 00 00 21 00 DF A4  PK.........!.ß¤
00000010   D2 6C 5A 01 00 00 20 05 00 00 13 00 08 02 5B 43  ÒlZ... .......[C
00000020   6F 6E 74 65 6E 74 5F 54 79 70 65 73 5D 2E 78 6D  ontent_Types].xm
00000030   6C 20 A2 04 02 28 A0 00 02 00 00 00 00 00 00 00  l ¢..(..........
00000040   00 00 00 00 00 00 00 00 00 00 00 00 00 00 00 00  ................
00000050   00 00 00 00 00 00 00 00 00 00 00 00 00 00 00 00  ................
```

2) 확장자를 .zip으로 변환

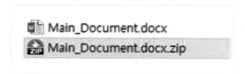

3) 반디집으로 열기 〉 숨기고자 하는 위치에서 파일 추가

4) 추가 〉 숨김 파일 선택 〉 열기 〉 압축 시작

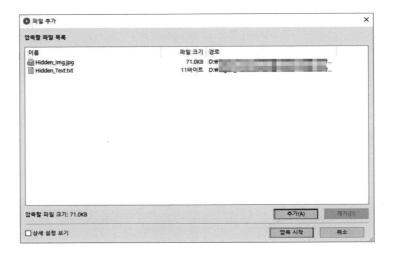

5) 숨김 확인

ADS(Alternate Data Stream)

● NTFS형식에서 제공되는 대체 데이터 스트림

● 콜론(:)을 통해 데이터를 숨기거나 숨겨진 데이터 활용 가능

● HxD로 기본 파일을 열어도 확인되지 않음

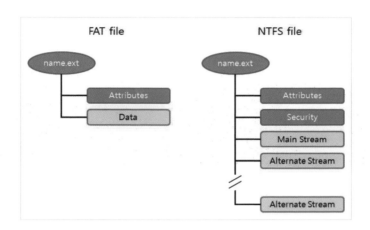

3.2.3. ADS 영역에 데이터 숨기기

1) 텍스트 파일 생성 및 확인

cmd 실행 〉 "echo {text} 〉 {filename.txt}" 입력 〉 "more 〈 {filename.txt}" 입력

2) 텍스트 파일의 ADS 영역에 데이터 숨기기

"echo {text} 〉 {filename.txt:streamname}" 입력

3) 숨긴 데이터 확인

"more 〈 {filename.txt}"와 "more 〈 {filename.txt:streamname}"의 호출
차이

4) 디렉터리 확인

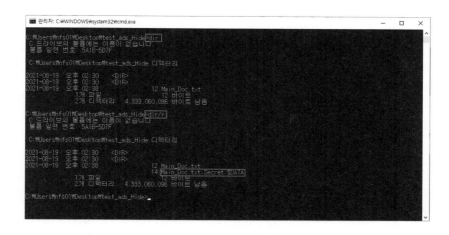

5) Winhex를 이용한 ADS 영역 여부 확인

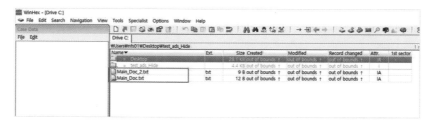

Main_Doc.txt의 아이콘에 ... 〉 ADS 영역 사용

3.3. 와이핑

3.3.1. CCleaner를 사용한 보안 삭제

1) https://www.ccleaner.com/ccleaner/download/standard에서 다운로드 및 설치

2) CCleaner 실행 > 도구 > 드라이브 보안 삭제

3) 파일 완전 삭제

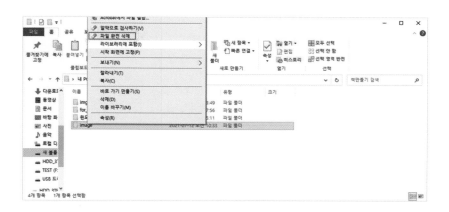

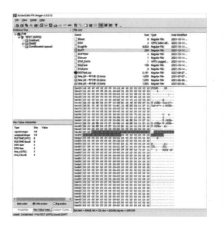 

3.3.2. CCleaner의 사용 흔적 – NTFS Log Tracker

1) FTK Imager로 파일 추출

① File 〉 Add Evidence Item 〉 Logical Drive 〉 해당 디스크 선택 〉
Finish

② 디스크\root\에서 $LogFile, $MFT 선택 〉 마우스 오른쪽 클릭 〉
Export Files

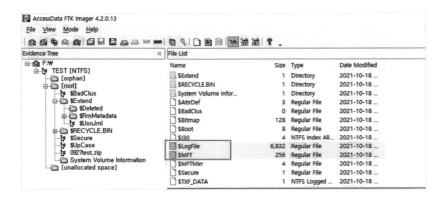

③ 디스크\root\$Extend\$UsnJrnl에서 $J 선택 〉 마우스 오른쪽 클릭 〉
Export Files

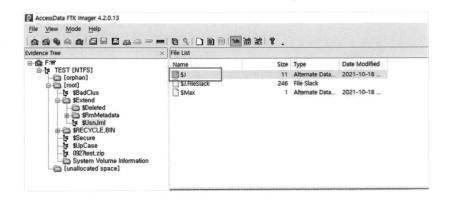

2) NTFS Log Tracker

① $LogFile, $J, $MFT 파일 불러오기 〉 Parse

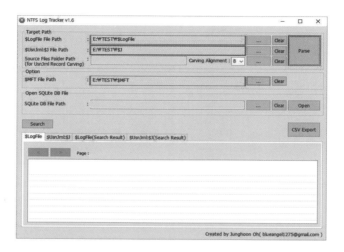

② 저장할 DB 이름 및 경로 설정 〉 Start

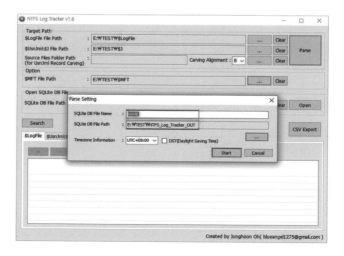

③ 추출된 Log 확인

* $UsnJrnl 없을 때 활성화

cmd 실행

> fsutil usn [createjournal] m=⟨MaxSize⟩ a=⟨AllocationDelta⟩ ⟨VolumePath⟩

ex) > fsutil usn createjournal m=1000 a=100 F:

3.4. 아티팩트 제거

3.4.1. Revo Uninstaller를 사용한 프로그램 완전 삭제

1) 삭제할 프로그램 더블 클릭

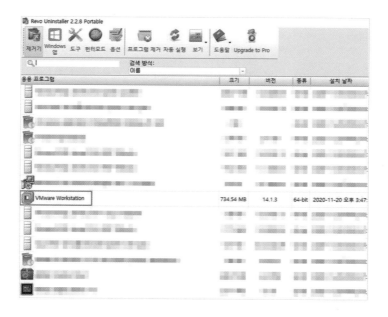

2) 복원지점 생성 여부 선택 〉 계속

3) Uninstaller를 통한 프로그램 삭제

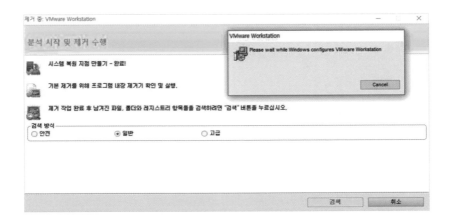

4) 남겨진 파일, 폴더 및 레지스트리 항목 검색

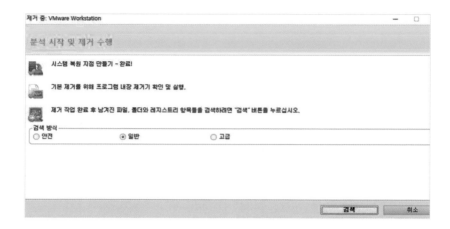

5) 레지스트리 삭제

6) 잔여 파일 및 폴더 삭제

3.4.2. RevoUninstaller프로그램 사용 흔적

1) Jumplist

사용자가 최근 사용한 파일·폴더에 빠르게 접근하기 위한 기능

삭제프로그램(ex. RevoUninstaller)의 흔적이 남아있다면 사용자가 최근 혹은 자주 해당 프로그램을 사용했다는 것을 알 수 있습니다.

경로 : %UserProfile%\AppData\Roaming\Microsoft\Windows\Recent

AutomaticDestinations : 최근 사용한 목록, 사용자가 직접 고정시킨
항목
CustomDestinations : 자주 사용되는 목록, 작업목록

JumpListExplorer를 사용해 Jumplist 확인

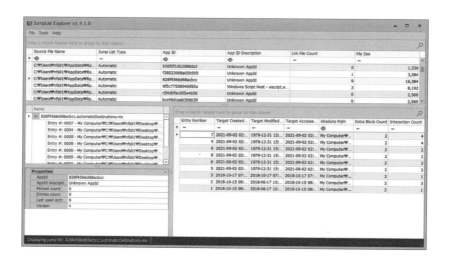

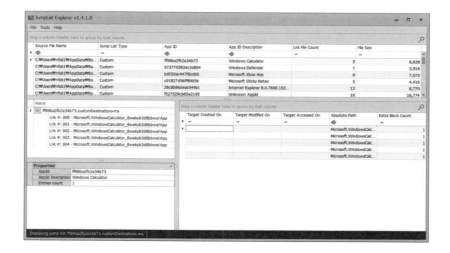

2) Prefetch

실행 파일을 빠르게 로딩하기 위해 개발

실행 파일이 사용하는 시스템 자원을 저장해놓은 파일

실행 파일의 이름과 실행횟수, 실행된 볼륨의 정보와 참조파일의
목록을 알 수 있습니다.

경로 : C:\Windows\Prefetch

WinPrefetchView를 사용해 Prefetch 확인

3) Userassist

사용자가 최근 실행한 프로그램의 목록

마지막 실행시간과 실행횟수 등의 정보를 확인할 수 있습니다.

레지스트리 경로 :

HKU\(User)\SOFTWARE\Microsoft\Windows\CurrentVersion\Explorer\
UserAssist

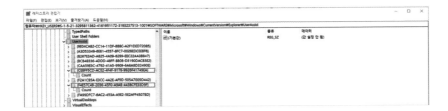

rot13.com에서 ROT13 변환

EribHa.rkr 〉 RevoUn.exe

UserAssistView를 사용해 Userassist 확인

4) Amcache

프로그램 호환성 관리자와 관련된 레지스트리 하이브 파일

응용프로그램의 실행경로, 최초 실행시간 삭제시간 정보를 저장합니다.

경로 : C:\Windows\AppCompat\Programs\Amcache.hve

AmcacheParser를 사용해 Amcache 추출

RevoUn.exe의 흔적 확인

PART VI

암호화 로직과 해독

CHAPTER 1

파일
암호화

· · · · 디지털 포렌식의 최초 단계는 디지털 증거 수집입니다. 최근에는 디지털 증거를 수집할 때 암호화된 파일 또는 드라이브 전체가 암호화되어 필요한 분석을 실행하는 데 있어 시간이 지연되거나 완전히 분석이 불가능한 경우도 종종 있습니다. 일상적인 업무에도 계좌정보 또는 전화번호 같은 개인정보가 들어있는 경우 암호화하여 메일로 송부하고 받는 등 암호화가 사용되는 경우도 있으나 범죄 용의자는 법정에서 자신에게 불리한 증거가 될 경우 이를 회피하려 삭제하거나 숨기거나 또는 암호화하여 내용에 접근하지 못하게 하는 경우가 있습니다. 그러므로 디지털 포렌식 분석을 할 때 관련된 문서인지를 알려 하면 암호화를 해제하여 문서를 확인할 필요가 있으며 그러한 이유로 암호화 방법 및 해독하는 방법에 대해 알 필요가 있습니다.

대표적인 접근제한 방법으로써 '패스워드 기반 암호시스템(Password Based Encryption System)'을 사용할 수 있으며 여러 가지 방식이 있습니다. 간단한 방법으로는 문서 편집 응용프로그램에서 지원하는 문서 파일의 암호화를 사용할 수 있으며 또는 파일 압축 응용프로그램에서 지원하는 암호화를 사용할 수 있습니다. 또는 파일이 아닌 디스크 전체를 암호화하는 경우도 있습니다. 어떠한 경우든 범죄자가 주요 증거 파일에 패스워드 기반의 암호시스템을 사용하여 접근제한을 했을 경우, 분석관은 패스워드 복구프로그램을 이용하여 암호를 풀어야만 문서를 확인할 수 있고 법정에 증거로 제출할 수 있습니다.

예를 들면 문서 편집프로그램에서 제공하는 암호화를 살펴보면 마이크로 소프트사의 MS워드, 엑셀, 파워포인트에는 패스워드 기반의 암호화 기능이 있으며, 국내에서 제일 많은 사용하는 문서 편집기인 한글과컴퓨터사의 제품인 흔글에도 문서암호라는 기능을 제공하여 암호화 기능을 제공하며 배포용으로 많이 사용되는 Adobe System사의 Acrobat PDF도 암호화 기능을 제공하고 있습니다.[138]

많이 활용되고 있는 패스워드 복구프로그램으로서 비상용프로그램은 대표적으로 John the Ripper라는 프로그램이 있으며 'John the Ripper'는 Unix, Linux, Windows 등 여러 플랫폼에서 실행 가능하며 MS워드, zip, Bit Locker 등 다양한 암호 알고리즘 적용이 가능합니다. 상용프로그램으로서는 PasswareKit라는 프로그램과 Elcomsoft사의 Distributed Password Recovery프로그램 등이 있습니다.

패스워드 복구 방법에는 전수조사 공격(Brute force Attack)과 사전 공격(Dictionary Attack)이 있으며 이들 프로그램은 전수조사 공격과 사전 공격을 이용할 수 있으며 이를 통해 패스워드를 복구합니다. 전수조사 공격을 이용한 패스워드 복구는 어떠한 암호도 풀 수 있으나 길이가 짧은 암호는 쉽게 풀리나 길이가 길거나 특수문자 등이 들어가서 경우의 수가 많은 경우 시간이 오래 걸려

실효성이 없는 경우가 많습니다.

파일을 암호화하는 일반적인 로직은 아래의 도표와 같습니다.

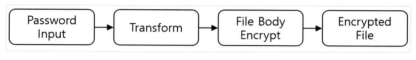

일반적인 암호화 과정

해시(hash)함수는 어떤 수학적 계산(알고리즘)에 의해 원본데이터를 단방향으로 매핑시켜 다른 데이터로 변경시키는 것을 말하는데 MD5, SHA256 등이 있고 암호화 과정에도 이 해시변환을 사용합니다. 숫자 10000이 암호로 들어가면 MD5의 경우 b7a782741f667201b54880c925faec4b로 변경되고 단방향으로 변경된 문자라 원래 입력된 암호를 해킹된다 하더라도 알 수 없게 되므로 제일 먼저 하는 작업은 해시함수를 통해 변환하는 것입니다.

```
Password :  10000
SHA256   :  39e5b4830d4d9c14db7368a95b65d5463ea3d09520373723430c03a5a453b5df
MD5      :  b7a782741f667201b54880c925faec4b
```

입력된 암호에 따른 해시변환값

구글에 "rainbow table site"를 검색해보면 많은 사이트가 나옵니다. 그중 crackstation.net으로 확인하면 b7a782741f667201b54880c925faec4b를 입력하면 바로 MD5와 10000으로 출력됩니다. rainbow table이란 많이 사용되는 암호를 여러 종류의 해시함수로 변환하여 테이블로 저장해놓은 것을 말합니다. 즉 일반적으로 사용되는 암호들은 해시함수로 변환하여

저장되어 이를 검색하는 방법으로 단방향 함수이나 원래의 암호를 알아낼
수 있습니다.

해시값 입력에 따른 역변환값 제공 사이트

어떠한 암호화에 PDF 암호화에 쓰이는 MD5를 사용한다고 가정하고
이를 전수조사로 푼다고 가정하면 얼마나 걸리는지 계산해보면 MD5의
출력값 길이는 128비트입니다.

2^{64} = 18,446,744,073,709,551,616이 됩니다.

파이썬함수로 MD5를 십만 번 계산해보면 가지고 있는 컴퓨터로 11.44초
걸립니다.

```
import hashlib
import time

start = time.time()
for i in range(10000):
    test_password = str(i+1)
    e_password = test_password.encode('utf-8')

    password_sha256 = hashlib.new('sha256')
    password_sha256.update(e_password)

    password_md5 = hashlib.new('md5')
    password_md5.update(e_password)

    print('Password : ', test_password)
    print('SHA256   : ', password_sha256.hexdigest())
    print('MD5      : ', password_md5.hexdigest())

end = time.time()
print('Time(s)  : ', end - start)
```

해시값 입력에 따른 역변환값 제공 사이트

1~	10,000	30,000	50,000	100,000
Time	1.26	3.33	5.45	11.44
per 1	0.000126	0.000111	0.000109	0.000114

MD5 해시계산 소요시간

그러므로

18,446,744,073,709,551,616 /100000 *11.44 /3600/ 24/ 365 = 66,917,412

이론적으로 6천만 년 이상이 걸립니다. 그러나 4자리 암호를 숫자(10)/영어 대소문자(52)/스페이스(1)/특수문자(32)로 구성되었다고 가정하면 경우의 수는 95^4승으로 2.58시간가량이 걸리고 5자리라면 약 10일이 소요됩니다.

따라서 빠른 컴퓨터 및 분산처리시스템과 GPU를 사용하여 가속한다면 암호가 풀릴 가능성도 있어 암호화하는 데 있어 다른 기법들을 가미합니다. GPU를 사용한 가속에는 CUDA와 OpenCL 등이 있습니다. CUDA는 NVIDIA가 만든 병렬 컴퓨팅 플랫폼 및 API 모델이며, OpenCL은 개방형 범용 병렬 컴퓨팅 프레임워크입니다. John The Ripper에서는 OpenCL을 지원합니다.

먼저 해시함수를 한 번이 아닌 여러 번 반복하면 반복한 만큼의 시간이 더 소요될 것입니다. 만약 100번 해시함수를 수행한다면 계산상으로 100배 느려질 것입니다. 따라서 여러 번의 해시함수를 사용하여 해독이 어렵게 하는 방법을 씁니다.

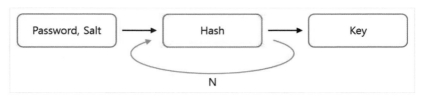

암호 해독을 어렵게 하는 추가 과정

무작위 공격을 시도하는 경우에는 이것으로 시간이 오래 걸리는 효과가 있으나 많이 사용되는 패스워드를 모은 사전을 가지고 공격한다면 해시를 반복한 횟수만 알면 암호가 풀릴 가능성이 있으므로 이를 막기 위해 사용되는 것이 솔트입니다. 솔트는 임의의 문자열을 삽입하고 해시함수를 만들면 사전 공격이 어렵고 무작위 공격으로 좀 더 오랜 시간이 걸리게 되는 효과가 있습니다.

실제로 97~2003 버전의 MS Word 문서의 암호화 알고리즘을 살펴보면
아래 그림과 같습니다.

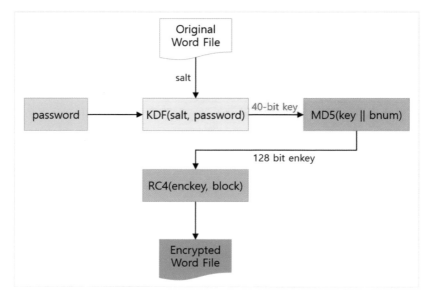

MS-Office의 Encryption 과정

암호를 입력하면 KDF(솔트, 비밀번호)를 만들고 MD5함수를 이용하여
여러 번 반복하여 계산한 암호화키를 생성 후에 워드에서 데이터 블록의
물리적 위치에 따른 블록 번호 "bnum"과 연결한 후 128bit key를 만든 후
RC4를 사용합니다. RC4는 40비트, 64비트 및 128비트 길이의 암호화키를
지원하는 알고리즘입니다. RC4는 작업이 바이트 지향적인 스트림 암호
알고리즘입니다. RC4 알고리즘에서 16바이트 초기화 벡터를 유도하고
마지막으로 RC4 알고리즘 배타적 논리합 연산으로 모든 데이터 블록을

암호화하는 키 스트림을 생성하고 해당 암호문을 생성합니다.[139]

MS-Office 외에 다른 암호화 알고리즘을 살펴보면 아래 표와 같습니다.[140]

Programs	Cryptographic algorithm(s)
WinRar (v3.62)	SHA1
PDF (v7.0 – v9.0)	MD5, RC4
MS-Office 2007/2010	SHA1, AES

파일 암호화 해시함수의 종류

실질적으로 오픈소스인 John The Ripper와 상용프로그램인 Elcomsoft사의 Distributed Password Recovery를 이용해서 파일 암호를 복구하는 방법에 대해서 알아보겠습니다.

▶ **John The Ripper로 docx 암호 찾기**

Word에서 문서(.docx) 암호 설정

파일 – 문서 보호 – 암호 설정 – 저장

1) John The Ripper 설치

https://www.openwall.com/john/k/john-1.9.0-jumbo-1-win64.zip

원하는 경로에 압축 해제

명령 프롬프트(CMD)에서 실행 확인

> cd C:\john-1.9.0-jumbo-1-win64\run

> john

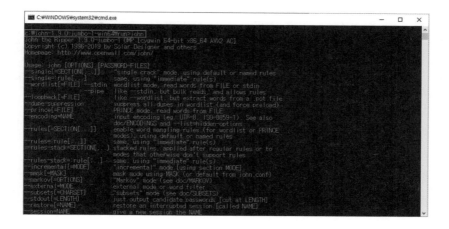

2) John The Ripper에서 OpenCL 사용

run 폴더 내에 cygOpenCL-1.dll 파일 cygOpenCL-1.dll.bac 이름 변경

C:\Windows\System32 에서 OpenCL.dll 파일 복사

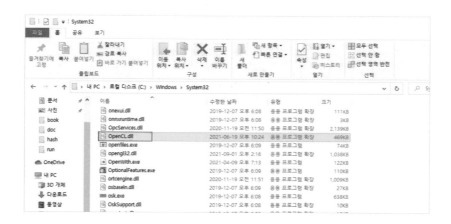

run 폴더 안에 붙여넣기 OpenCL.dll 〉 cygOpenCL-1.dll 이름 변경

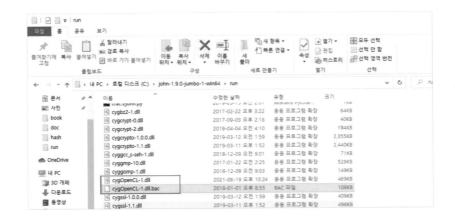

OpenCL 적용 확인

〉 john --list=opencl-devices

3) docx 문서에서 Hash 추출

〉 office2john -i {docx} 〉 {hash}

4) 추출된 Hash에서 암호 찾기(Brute-force)

> john --format=office-opencl {hash}

5) 추출된 Hash에서 암호 찾기(Dictionary Search)

> john --format=office --wordlist={wordlist} {hash}

찾은 암호 : ttpassword

▶ Elcomsoft Distributed Password Recovery로 한글 파일 암호 찾기

1) Elcomsoft Distributed Password Recovery 설치

https://www.elcomsoft.com/edpr.html

trial version 설치 파일 다운로드 – 설치

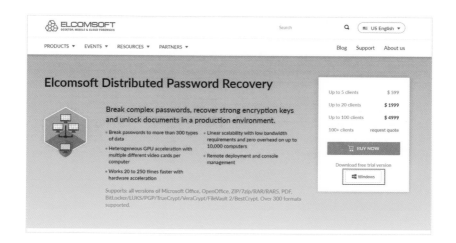

* GPU 가속

Elcomsoft의 Password Recovery Agent 실행

작업 관리자의 성능 탭에서 CPU의 논리 프로세서 확인 – Processors 탭에서 GPU 확인 – Number of threads CPU 최대치(8)에서 GPU 가속 연산에 쓸 만큼 감소시키기(최소 1)

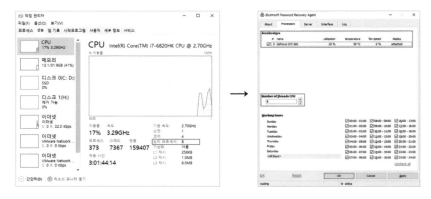

할당된 프로세서 확인

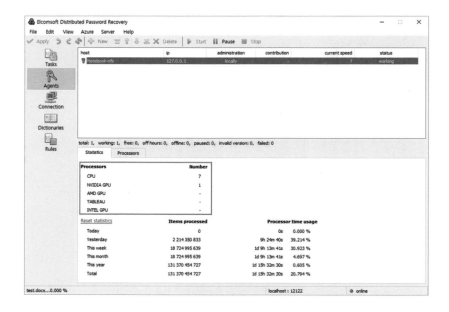

* 다중 PC 분산 처리

메인PC와 서브PC 연결(LAN 연결)

메인PC - 제어판\네트워크 및 인터넷\네트워크 연결

서브PC와 연결 시 생성된 이더넷2 - 속성 - 인터넷 프로토콜 버전4(TCP/IPv4) - IP 설정

서브PC에 생성된 이더넷 - 속성 - 인터넷 프로토콜 버전4(TCP/IPv4) - IP 설정

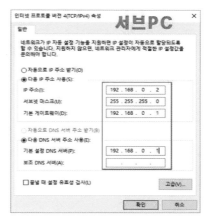

메인PC에서 Elcomsoft Distributed Password Recovery 실행 - Server - Start as application 클릭 - Online 확인

서브PC에서 Elcomsoft의 Password Recovery Agent 실행 - Server탭에서
Host 주소 입력 - Server sync 클릭 - 서브PC와 메인PC에서 연결 확인

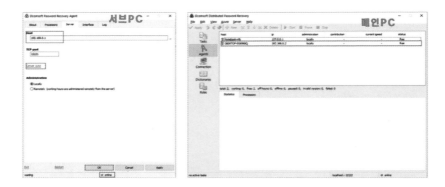

2) Brute-force

File - new - 해당 문서 선택 - 열기

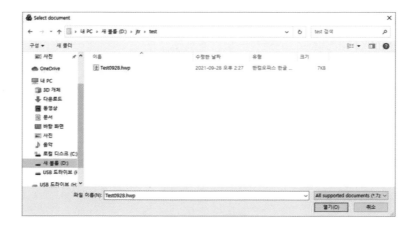

Attacks에서 brute force 항목 선택 - 글자 수 지정 - 포함할 문자 선택 - Start

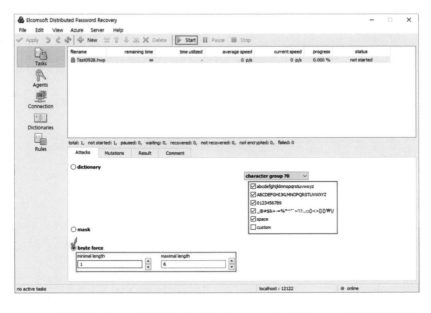

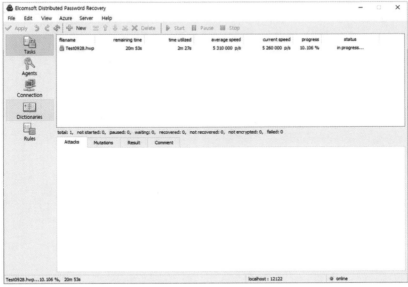

찾은 암호 : Test!

소요시간 : 20분 12초(5자리 암호)

CHAPTER 2

디스크 암호화
(FDE, Full Disk Encryption)

• • • • 디스크 암호화는 파일이나 폴더를 암호화하는 수준이 아닌 디스크 전체를 암호화하는 것을 말합니다.

의료 및 금융기관, 정부기관 및 고등 교육기관은 모두 개인식별정보(PII)가 포함된 하드 드라이브의 분실 또는 도난을 경험했습니다. 2007년 5월 미국 교통안전청(TSA)은 약 100,000명의 직원 은행 계좌정보가 포함된 하드 드라이브를 분실했으며 2007년 10월에는 약 4,000명의 직원의 이름과 사회보장번호가 포함된 두 대의 노트북이 TSA에서 도난당했습니다. 최근 미 세관은 Sebastien Boucher의 노트북에서 아동 음란물을 관찰했지만 검사 당시 드라이브 문자 "Z"가 할당되고 열려있던 PGP(Pretty Good Privacy) 암호화 컨테이너에 저장되어있다는 사실을 깨닫지 못했습니다. 노트북이 종료되고 하드 드라이브의 포렌식 복제본이 생성되었지만 포렌식 검사관은 PGP 암호화 컨테이너를 열 수 없었습니다. Boucher가 데이터 복호화를 위해 자신의 암호를 제공하도록 강요하자 소송을 하였고 자기 비난에 대한 수정헌법 5조를 위반했다는 이유로 법원에서 거부되었습니다.[141]

FDE는 디스크를 분실하거나 도난당하는 경우 디스크 내에 저장된 문서들이 유출되지 않는 유용한 방법이나 범죄 수사상 분석이 필요한 경우 어렵게 되는 경우가 발생합니다.

최근에는 Window 운영시스템도 Windows Vista 제품부터 FDE프로그램인 Bitlocker를 기본으로 제공하고 있습니다. BitLocker는 Windows 운영체제와 통합되어 분실, 도난 또는 부적절하게 폐기된 컴퓨터로 인한 데이터 도난 또는 노출 위협을 해결하는 데이터 보호 기능입니다. Trusted Platform Module, 스마트키, 복구 암호, 사용자 제공 암호와 같은 다양한 인증 방법을 제공합니다.

Microsoft 외에도 위키[142]를 살펴보면 70종이 넘는 FDE 소프트웨어를 찾아볼 수 있으며 시장점유율이 높은 제품들을 설명한 문서[143]도 있어 경향을 살펴보는 데 있어 도움을 받을 수 있습니다.

2015년 FDE 환경에서 디지털 증거 수집 절차에 관한 연구[144]를 살펴보면 가장 많은 시장점유율을 가진 것은 BitLocker임을 알 수 있습니다. FDE 대표주자인 Bitlocker에 대해 알아보겠습니다.

BitLocker로 암호화된 볼륨은 표준 NTFS 헤더와 다른 서명을 가지고 있습니다. 대신 볼륨 헤더(첫 번째 섹터)에는 2D 46 56 45 2D 46 53 2D 또는 ASCII에서 -FVE-FS-가 있습니다.

BitLocker로 보호된 볼륨의 실제 데이터

암호화된 볼륨의 실제 데이터는 128비트 또는 256비트 AES로 보호되거나 Elephant라는 알고리즘을 사용하여 선택적으로 확산됩니다. 암호화를 수행하는 데 사용되는 키인 FVEK(Full Volume Encryption Key) 및/또는 TWEAK키는 보호 볼륨의 BitLocker 메타데이터에 저장됩니다. FVEK 및/또는 TWEAK키는 VMK(Volume Master Key)라는 다른 키를 사용하여 암호화됩니다.

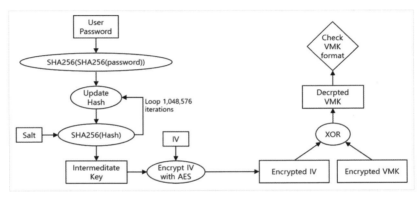

BitLocker의 Encrypt/Decrypt 과정

섹터 자체는 FVEK라는 키를 사용하여 암호화됩니다. FVEK는 사용자가 사용하거나 액세스할 수 없으며 VMK로 암호화됩니다. FVEK(VMK로 암호화됨)는 볼륨 메타데이터의 일부로 디스크 자체에 저장되며 암호화되지 않은 상태로 디스크에 기록되지 않습니다. VMK는 또한 위에서 언급한 바와 같이 하나 이상의 (조합된) 인증 메커니즘으로 암호화됩니다. 예를 들어 메모리 장치가 사용자 비밀번호 방식으로 암호화된 경우 볼륨 메타데이터에는 2개의 암호화된 VMK가 있습니다(VMK U(사용자 비밀번호로 암호화된 VMK)와 VMK R(VMK 암호화)). FVEK와 VMK는 모두 AES의 CBM-MAC(CCM) 모드로 암호화됩니다.

1) Full Volume Encryption Key(FVEK)

데이터, 즉 섹터 데이터를 보호하는 데 사용되는 키는 전체 볼륨 암호화키입니다. 보호된 볼륨에 저장되고 암호화되고 저장됩니다. 무단 액세스를 방지하기 위해 FVEK는 VMK로 암호화됩니다. FVEK의 크기는 사용되는 암호화 방법에 따라 다릅니다. FVEK는 AES 128비트, FVEK는 AES 256비트입니다.

2) Volume Master Key(VMK)

FVEK를 암호화하는 데 사용되는 키는 VMK입니다. 또한 보호 볼륨에 저장됩니다. VMK는 256비트입니다. 실제로 VMK의 여러 사본은 보호 볼륨에 저장됩니다. VMK의 각 사본은 복구키, 외부키 또는 TPM과 같은 다른 키를 사용하여 암호화됩니다. 볼륨이 복구 암호뿐만 아니라 외부키를 사용하여 암호화되면 VMK에 대한 2개의 메타데이터 항목이 있으며 각 메타데이터 항목은 복구키와 외부키로 암호화된 VMK를 저장합니다. 암호 해독을 하면 두 VMK 모두 동일합니다. VMK는 또한 클리어키라고 하는 암호화되지 않은 상태로 저장될 수 있습니다.

3) TWEAK Key

TWEAK는 VMK로 암호화된 FVEK 저장소의 일부입니다. TWEAK키의 크기는 사용되는 암호화 방법에 따라 다릅니다. 키는 AES 128비트의 128비트이며 키는 AES 256비트의 256비트입니다.

TWEAK키는 Elephant Diffuser를 사용할 때만 표시됩니다. TWEAK 키는 항상 512비트인 FVEK를 보유한 메타데이터 항목에 저장됩니다. 처음 256비트는 FVEK용으로 예약되어있으며 다른 256비트는 TWEAK키용으로 예약되어있습니다. 암호화 방법이 AES 128비트인 경우, 즉 Elephant Diffuser가 비활성화된 경우 256비트 중 128비트만 사용됩니다.

BitLocker는 상당히 복잡한 독점 아키텍처를 특징으로 하지만 주 메모리(RAM)에서 추출한 암호 해독키를 사용하여 BitLocker로 보호되는 디스크와 볼륨을 즉시 해독하는 것이 가능하고 비교적 쉽습니다. 또한 사용자 Microsoft 계정에서 추출하거나 Active Directory에서 검색한 에스크로키(BitLocker 복구키)를 활용하여 오프라인 분석을 위해 암호를 해독하거나 BitLocker 볼륨을 즉시 탑재할 수도 있습니다.
암호 해독키를 검색할 수 없는 경우 유일한 대안은 암호를 공격하여 암호로 보호된 디스크의 잠금을 해제하는 것입니다.

라이브시스템이란 컴퓨터시스템이 부팅된 후 운영체제에 의해서 동작되고 있는 온라인 상태의 시스템을 말하며 운영상태 또는 데이터를 메모리 또는 하드디스크의 임시파일에 저장되어있어 시스템이 종료되면 사라지는 휘발성 정보로 이루어져 있습니다. 라이브시스템에는 BitLocker로 보호된 디스크가 연결되어있으면 관련 정보가 메모리에 있습니다.
이는 메모리 분석도구로 알아낼 수 있습니다.

실질적으로 오픈소스인 John The Ripper와 Volatility, 상용프로그램인

Elcomsoft사의 Distributed Password Recovery와 Passware사의 Passware Kit Forensic을 이용해서 BitLocker 암호를 복구하는 방법에 대해서 알아보겠습니다.

▶ John The Ripper로 BitLocker 암호 찾기

1) Encrypted 볼륨에서 이미지 추출

FTK Imager 실행

File 〉 Add Evidence Item 〉 Physical Drive 〉 해당 드라이브 선택

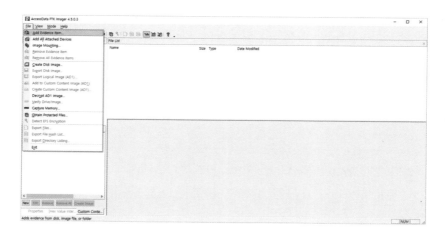

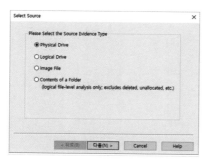

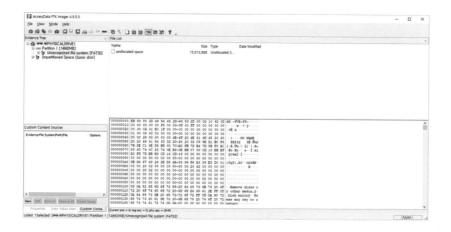

File 〉 Export Image 〉 해당 파티션 선택 Raw 형식으로 출력

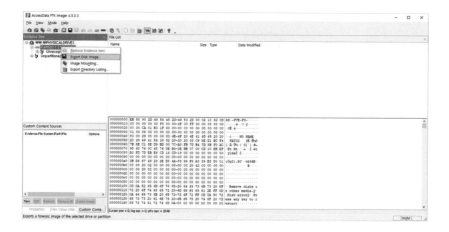

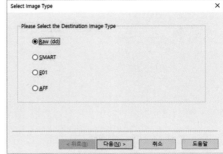

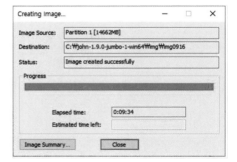

2) 이미지에서 Hash 추출

명령 프롬프트(CMD) 실행

〉 cd C:\john-1.9.0-jumbo-1-win64\run

> bitlocker2john -i {image} > {hash}

3) 추출된 Hash에서 암호 찾기(Brute-force)

> john --format=bitlocker-opencl {hash}

추출된 Hash에서 암호 찾기(Dictionary Search)

〉john --format=bitlocker-opencl --wordlist={wordlist} {hash}

찾은 암호 : Test !23

▶ **Elcomsoft Distributed Password Recovery로 BitLocker 암호 찾기**

1) BitLocker로 Encrypt된 디스크에서 이미지 추출

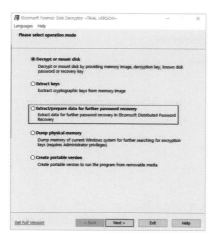

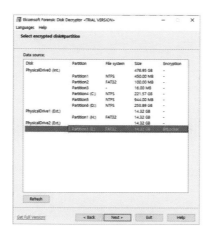

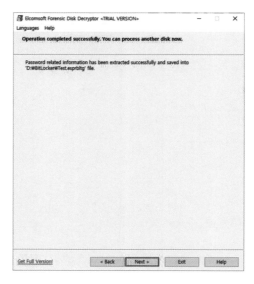

2) 추출된 이미지(.esprbltg) 파일에서 암호 찾기(Brute-force)

hwp 파일과 동일

▶ Elcomsoft Forensic Disk Decryptor로 BitLocker 복구키 찾기

1) 디스크 이미지 추출

위에서 FTK Imager로 추출한 Raw 이미지 파일 사용

2) 덤프 메모리 추출

BitLocker가 Decrypt된 흔적이 있는 덤프 메모리 필요

여기서는 Elcomsoft Forensic Disk Decryptor에 있는 기능을 사용해서
추출

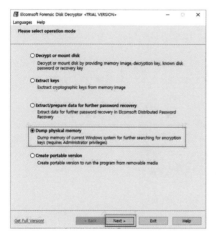

3) 복구키 찾기(디스크 이미지, 덤프 메모리 사용)

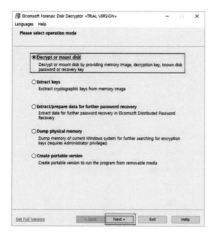

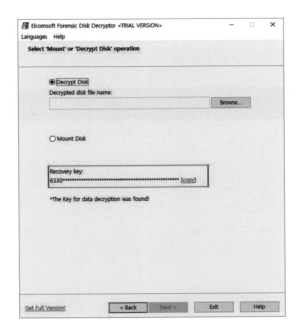

복구키 : 6330**************************** (Full Version 구매 시 확인

가능)

▶ Volatility로 BitLocker 암호 찾기

1) 아나콘다 가상 환경 생성

Anaconda Prompt 실행 – 2.7버전으로 가상 환경 생성

conda create --name {환경이름} python=2.7

conda activate {환경이름}

python --version

2) Volatility 설치

https://www.volatilityfoundation.org/releases – Source Code 다운로드

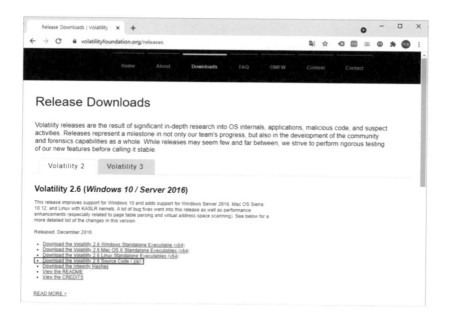

원하는 경로에 압축 해제

3) Volatility-bitlocker 플러그인 다운로드

https://github.com/tribalchicken/volatility-bitlocker

bitlocker.py를 {Volatility}\volatility\plugins 폴더에 넣기

플러그인 적용 확인

>python vol.py --info

4) 덤프 파일에서 운영체제 정보 확인

>python vol.py -f {덤프 파일} imageinfo

5) 암호 추출

>python vol.py -f {덤프 파일} --profile={운영체제} bitlocker

미주

1 디지털 위키백과, https://ko.wikipedia.org/wiki/디지털

2 유영찬. (1991). 법과학. 신일상사. 1면.

3 D B Parker, D C Smith 등. (1989). Computer Crime: Criminal Justice Resource Manual. Office of Justice Programs.

4 Boddington, R. (2016). Practical Digital Forensics (1st ed.). Packt Publishing.

5 George Mohay 등. (2003) Computer and Intrusion Forensics. Artech House.

6 대런 헤이즈. (2017). 컴퓨터 포렌식 수사 기법. 에이콘.

7 M S Husain 등. (2019) Critical Concepts, Standards, and Techniques in Cyber Forensics. IGI Golbal.

8 Simson L Garfinkel. (2010). Digital forensics research: The next 10 years. Digital Investigation Volume 7.

9 한국포렌식학회. (2018). 디지털포렌식 이론. 미디어북.

10 Why SSD Drives Destroy Court Evidence, and What Can Be Done About It, Yuri Gubanov, https://belkasoft.com/download/info/SSD%20Forensics%20 2012.pdf

11 박광현 등. (2011). 디지털 포렌식 기술연구동향 및 고찰. 한국정보처리학회 학술대회논문집, 18권 2호. pp.866-867.

12 박종성 등. (2004). 자동화된 침해사고대응시스템에서의 네트웍 포렌식 정보에 대한 정의. 정보보호학회논문지, 2004, vol.14, no.4, pp.149-162.

13 https://www.open.edu/openlearn/science-maths-technology/digital-forensics/content-section-4.3

14 Brief introduction and applications of digital forensics science, BIT International

College, Digital forensics (DFC102), 2018

15 디지털포렌식이론, (사)한국포렌식학회, 미디어북

16 Eoghan Casey. (2004). Digital Evidence and Computer Crime 2nd Edition. Elsevier.

17 David W Hagy. (2001). Electronic Crime Scene Investigation Guide: A Guide for First Responders. National Institute of Justice.

18 이석희 등. (2008). 안티포렌식 기술과 대응방향. 정보보호학회지 18권 1호.

19 정익래 등. (2007). 디지털 포렌식 기술 및 동향. 전자통신동향분석 22권 1호.

20 탁희성 등. (2006). 디지털 증거분석도구에 의한 증거수집절차 및 증거능력확보방안. 한국형사정책연구원 연구총서 06-21.

21 임경수 등. (2011). 국내 환경을 고려한 디지털 포렌식 조사 모델 정립 방안. 한국정보처리학회 학술대회논문집, 18권 2호.

22 정보통신단체표준. 휴대폰 포렌식 가이드라인. 한국정보통신기술협회.
http://forensic.korea.ac.kr/img/guideline/guideline_2.pdf

23 디지털 증거의 증거능력에 관한 비교법적 연구, 최성필, 국외훈련검사연구논문집. 제26집(1-3), 2010

24 디지털포렌식이론, 한국포렌식학회, 미디어북

25 디지털 증거분석 표준 가이드라인에 대한 연구, 이성진, 치안정책연구소, 2007-7연구보고서

26 디지털 증거분석도구에 의한 증거수집절차 및 증거능력확보방안, 탁희성등, 한국형사정책연구원 연구총서 06-21

27 디지털 증거의 증거능력 판단에 관한 연구, 손지영등, 사법정책연구원 연구총서 2015-08

28 디지털포렌식이론, 한국포렌식학회, 미디어북

29 https://en.wikipedia.org/wiki/EnCase

30 https://en.wikipedia.org/wiki/Forensic_Toolkit

31 Encase Computer Forensic Professional Development and Training Course manual, Guidance Software

32 암호학적 관점에서의 EWF 파일 이미징 효율성 개선 방안 연구, 신 용 학, Journal of The Korea Institute of Information Security & Cryptology, VOL.26, NO.4, Aug. 2016

33 https://en.wikipedia.org/wiki/MD5

34 https://en.wikipedia.org/wiki/SHA-1

35 Analysis and Comparison of MD5 and SHA-1 Algorithm Implementation in Simple-O Authentication based Security System, Anak Agung Putri Ratna등, Quality in Research 2013

36 Identifying almost identical files using context triggeredpiecewise hash, Jesse Kornblum, digital investigation 3S (2006)

37 The Value of Fuzzy Hashing Algorithms in Identifying Similarities, Nikolaos Sarantinos, 2016, DOI: 10.1109/TrustCom.2016.0274

38 파일시스템 포렌식 분석, 브라이언 캐리, 케이엔피IT

39 디지털포렌식 실무, 김용호, 박영사

40 컴퓨터 포렌식 수사기법, 데런 헤이즈, 에이콘

41 디지털포렌식 실무과정, 김종수, EnCase교육

42 Kim Jinkook blog, http://forensic-proof.com/

43 포렌식관점의파티션복구기법에관한연구, 남궁재웅, Journal of The Korea Institute of Information Security & Cryptology(JKIISC), VOL.23, NO.4, August 2013
44 https://namu.wiki/w/FAT

45 https://en.wikipedia.org/wiki/Design_of_the_FAT_file_system

46 NTFS파일시스템의$LogFile의 로그레코드에 연관된 컴퓨터 포렌식 대상 파일을 찾기 위한 방법, 조규상, Journal of the Institute of Electronics Engineers of Korea vol 49-C1, No 4, 2012

47 http://forensicinsight.org/wp-content/uploads/2013/06/F-INSIGHT-NTFS-Log-TrackerEnglish.pdf

48 $UsnJrnl 파일을 이용한 사용자 행위 추적 연구, 윤효진, 학위논문, 2018

49 UsnJrnl Parsing for File System History Project Report, Frank Uijtewaal, 2016

50 삭제된 $UsnJrnl 파일 복구를 통한 과거 사용자 행위 확인, 김동건, Journal of Convergence for Information Technology Vol. 10. No. 5, pp. 23-29, 2020

51 Unified Extensible Firmware Interface Specification, https://uefi.org/sites/default/files/resources/UEFI%20Spec%202_6.pdf

52 Handbook of Digital Forensics of Multimedia Data and Devices, Anthony, wiley book

53 https://en.wikipedia.org/wiki/GUID_Partition_Table

54 2020년 11월 5일, IT월드 뉴스, https://www.itworld.co.kr/news/170829

55 인사이드 윈도우즈 포렌식, 할랜가비, Syngress Bj 퍼블릭

56 윈도우즈 시스템 포렌식, 전 상 준, 정 보 보 호 학 회 지 제26권 제5호, 2016. 10

57 https://www.lifewire.com/what-is-a-registry-hive-2625986

58 https://docs.microsoft.com/en-us/windows/win32/sysinfo/registry-hives

59 Forensic analysis of the Windows registry in memory, Brendan Dolan-Gavitt, Digital Investigation vol 5, 2008

60 Recovering deleted data from the Windows registry, Timothy D. Morgan, Digital Investigation vol 5, 2008

61 http://forensic-proof.com/레지스트리 포렌식과 보안 [김진국].pdf

62 Forensic Analysis of Windows Registry Against Intrusion, Haoyang Xie, International Journal of Network Security & Its Application, vol 4, no 2. 2012

63 https://www.sciencedirect.com/topics/computer-science/installed-program

64 Using shellbag information to reconstruct user activities, Yuandong Zhu, Digital Investigation, Volume 6, Supplement, September 2009

65 https://www.notion.so/ShellBags-Structure-Analysis-11e516a35329467d940ea64f89190cda

66 SANS Digital Forensics and Incident Response Blog | Computer Forensic Artifacts: Windows 7 Shellbags, https://www.sans.org/blog/computer-forensic-artifacts-windows-7-shellbags/

67 Windows ShellBags Forensics in Depth, Vincent Lo, SANS Institute InfoSec Reading Room ,2014

68 https://ko.wikipedia.org/wiki/%EC%8A%A4%ED%92%80%EB%A7%81

69 Kim Jinkook Blog,http://forensic-proof.com/archives/2922

70 프린터 스풀(SPL, SHD) File 복구를 통한 포렌식 분석, 최준호, 한국정보보호학회 하계학술대회, vol 16. no. 1

71 https://blog.naver.com/PostView.nhn?blogId=ginger2009&logNo=222063087380&parentCategoryNo=&categoryNo=1&viewDate=&isShowPopularPosts=true&from=search

72 외장형USB매체의작업이력점검방법에관한연구, 이성재, Journal of The Korea Institute of Information Security & Cryptology, VOL.27, NO.4, 2017

73 외장형 USB저장장치의 포렌식 조사방법, 송유진, 한국산업정보학회논문지, Vol. 15 no.4, 2010

74 외장형 저장장치의 파일유출에 관한 연구, 송유진, 한국산업정보학회논문지, Vol. 16 no.2, 2011

75 포렌식 관점에서의 보안 USB 현황분석, 이혜원, 한국방송공학회 2008년도 동계학술대회, 2008

76 포렌식 관점에서의 시스템 복원지점 활용 방안, 윤선미, 2008년도 한국방송공학회 동계 학술대회

77 ggwp Blog, https://scent2d.tistory.com/66

78 Examining Volume Shadow copies, Simon Key, CEIC 2014

79 Volume Shadow Copy Forensics Report, Kyle Heath, Patrick Leahy Center for Digital Investigation Champlain College, 2012

80 Digital Forensic Analysis on Prefetch Files, Narasimha Shashidhar, INTERNATIONAL JOURNAL OF INFORMATION SECURITY SCIENCE Narasimha Shashidhar et al. ,Vol. 4, No. 2

81 Forensic examinatin and analysis of the prefetch files on the banking trojan malware incidents, Andri P Heriyanto, 2014 Australian Digital Forensic Conference

82 Gyobin Kim Blog, https://www.notion.so/Prefetch-File-Structure-Analysis-8bcab66b9d584624b4233d78b2803371

83 Br4gon blog, https://br4gon.tistory.com/category/Forensic

84 SuperFetch Tools: SuperFetchTree and SuperFetchList, www.tmurgent.com/Tools.aspx

85 Security & Forensic Blog, https://secuworld.tistory.com/22

86 Kim Jinkook Blog, http://forensic-proof.com/archives/6599

87 The Meaning of Linkfiles In Forensic Examinations , Harry Parsonage, 2010, https://www.researchgate.net/figure/Document-The-Meaning-of-Linkfilesin-Forensic-Examinations_fig5_35248498

88 Windows 10 Jump List and Link File Artifacts – Saved, Copied and Moved, Larry Jones, DFIR Review, 2020

89 kali–km Blog, https://kali-km.tistory.com/entry/LNK–File–Windows–ShortCut

90 https://docs.microsoft.com/en–us/openspecs/windows_protocols/ms-shllink/16cb4ca1–9339 –4d0c–a68d–bf1d6cc0f943?redirectedfrom=MSDN

91 A forensic insight into Windows 10 Jump Lists, Bhupendra Singh, Digital Investigation 17(2016)

92 Kim Jinkook Blog, http://forensic–proof.com/archives/1904

93 hacking security Blog, https://whitesnake1004.tistory.com/597

94 An analysis of the structure and behaviour of the Windows 7 operating system thumbnail cache, Sarah Morris, 1st International Conference on Cybercrime, Security and Digital Forensics, 2011

95 Forensic Analysis of Windows Thumbcache files, Darren Quick, Americas Conference on Information Systems, 2014

96 Fast forensic triage using centralised thumbnail caches on windows operating systems, Sean McKeown, Journal of digital forensics security and law, vol 14, no. 3, 2019

97 THUMBS DB FILES FORENSIC ISSUES, Dustin Hurlbut, AccessData Training, https://repo.zenk–security.com/

98 Kali Kim Blog, https://kali-km.tistory.com/entry/Thumbnail–Forensics

99 Kim Jinkook Blog, http://forensic–proof.com/archives/2092

100 Structure and application of IconCache.db files for digital forensics, Chan–Youn Lee, Digital Investigation 11, 2014

101 The windows IconCache.db: A resource for forensic artifacts from USB connectable devices, Jan Collie, Digital Investigation 9, 2013

102 Windows IconCache.db 파일 포맷 분석, 이찬연, 제40회 한국정보처리학회 추계학술발표대회 논문집 제20권 2호 (2013. 11

103 Windows7 · 8IconCahe.db파일포맷분석 및 활용방안, 이찬연, Journal of The Korea Institute of Information Security & Cryptology, VOL.24, NO.1, Feb. 2014

104 앰캐시(Amcache.hve)파일을활용한응용프로그램 삭제시간추정방법, 김문호, Journal of The Korea Institute of Information Security & Cryptology, VOL.25, NO.3, 2015

105 lemon Blog, https://leemon.tistory.com/42

106 Leveraging the Windows Amcache.hve File in Forensic Investigations, Bhupendra Singh, Journal of Digital Forensics, Vol 11, 2016

107 ANALYSIS OF THE AMCACHE, Blanche Lagny, 2019 , www.ssi.gouv.fr, / uploads/2019/01/anssi-coriin_2019-analysis_amcache.pdf

108 Kim Jinkook Blog, http://forensic-proof.com/archives/3397

109 Windows 10에서의 심캐시(ShimCache) 구조 분석과 안티포렌식도구실행흔적 탐지도구제안, 강정윤, 한국컴퓨터정보학회 하계학술대회 논문집 제29권 제2호 (2021. 7)

110 andrea Blog, https://www.andreafortuna.org/2017/10/16/amcache-and-shimcache-in- forensic-analysis/

111 윈도우 이벤트 로그(EVTX) 분석 및 포렌식 활용방안, 강세림, 석사논문, 2018

112 윈도우 이벤트 로그 기반 기업 보안감사 및 악성코드 행위 탐지 연구, 강세림, Journal of The Korea Institute of Information Security & Cryptology, VOL.28, NO.3, 2018

113 gflow Blog, https://gflow-security.tistory.com/entry/Windows-Artifact6-

EventLog

114 https://www.digitalforensics.com/blog/an-overview-of-web-browser-forensics/

115 2020년 인터넷 이용 실태조사 발표, 과기정통부 보도자료

116 웹브라우저의 포렌식 분석기법 비교연구, 서미나, 석사논문, 2018

117 https://www.asiatoday.co.kr/view.php?key=20211025010014131

118 https://www.hankookilbo.com/News/Read/A2021032411130000296

119 Market Share Statistics for Internet Technologie 보고서, https://netmarketshare.com/operating-system-market-share.aspx

120 https://www.digitalforensics.com/blog/an-overview-of-web-browser-forensics/

121 AndroKit: A toolkit for forensics analysis of web browsers on android platform, Muhammad Asim, Future Generation Computer System 94, 2019

122 FORENSIC STUDY AND ANALYSIS OF DIFFERENT ARTIFACTS OF WEB BROWSERS IN PRIVATE BROWSING MODE, Rinchon Sanghkroo, INTERNATIONAL JOURNAL OF ADVANCE SCIENTIFIC RESEARCH AND ENGINEERING TRENDS, Vol 5, No 5, 2020

123 Experimental Analysis of Web Browser Sessions Using Live Forensics Method, Rusydi Umar, International Journal of Electrical and Computer Engineering. Vol. 8, No. 5, 2018

124 Forensic Investigation of User's Web Activity on Google Chrome using various Forensic Tools, Narmeen Shafqat, International Journal of Computer Science and Network Security, VOL.16 No.9, September 2016

125 A FORENSIC WEB LOG ANALYSIS TOOL: TECHNIQUES AND IMPLEMENTATION, Ann Fry, 석사논문, 2011

126　Forensic analysis of private browsing mechanisms: Tracing internet activities, Hasan Fayyad-Kazan, Journal of forensic science and research, 2021

127　blueangel Blog, http://blueangel-forensic-note.tistory.com

128　Rogers, M. (2006, March 22). Panel session at CERIAS 2006 Information Security Symposium. http://www.cerias.purdue.edu/symposium/2006/materials/pdfs/antiforensics.

129　전자정보의 압수 · 수색 절차 개선방안 연구, 윤신자등, 경찰대학 경찰학연구편집위원회 · 경찰학연구 36호

130　복합문서 파일에 은닉된 데이터 탐지 기법에 대한 연구, 김은광, 2015.12, 정보보호학회논문지

131　OOXML문서에대한향상된데이터은닉및탐지방법, 홍 기 원, Journal of The Korea Institute of Information Security & Cryptology, VOL.27, NO.3, Jun. 2017

132　파일시스템 구조 내에 데이터 감추기를 위한 안티 포렌식 기법과 도구의 개발 및 안티-안티 포렌식 대응 도구의 개발, 조규상, 2019 이공학개인기초연구지원사업 최종(결과)보고서

133　MS 오피스 문서 파일 내 비정상 요소 탐지 기법 연구, 조성혜, KIPS Tr. Comp. and Comm. Sys. Vol.6, No.2

134　일심회 왕재산도北간첩단은 스테가노그래피 쓸까, 2021.8,21 중앙일보 뉴스, https://www.joongang.co.kr/article/24126193

135　Anti-forensics: Furthering digital forensic science through a new extended, granular taxonomy, Kevin Conlan, Digital Investigation 18, 2016

136　Anti-Forensics and the Digital Investigator, Kessler, Gary C, 2007.

137　Anti-Forensics Techniques:An Analytical Review, Gurpal Singh Chhabra등, Conference Paper · August 2014, DOI: 10.1109/IC3.2014.6897209

138　디지털 포렌식 관점에서 패스워드 복구를 위한 사전 파일 구축 방안 연구, 임종민

등, 한국방송공학회, 2008년, pp.155 – 158

139 An Efficient Recovery Method of Encrypted Word Document: Selected Papers from CSMA2016, Li-jun Zhang, December 2017
DOI:10.1515/9783110584974-007

140 Survey on Password Recovery Methods for Forensic Purpose, Sang Su Lee,등,, International Conference on Security and Management (SAM) 2012, pp.1-5

141 In Re Boucher 2007. Case No. 2:06-mj-91, document 35, WL 4246473, 11/29/2007, United States District Court for the District of Vermont. DOI=https://ecf.vtd.uscourts.gov/doc1/1851273316

142 https://en.wikipedia.org/wiki/Comparison_of_disk_encryption_software

143 https://www.esecurityplanet.com/networks/full-disk-solutions-to-check-out/

144 Full Disk Encryption 환경에서 디지털 증거 수집 절차에 관한 연구, 장성민 등, Journal of The Korea Institute of Information Security & Cryptology, VOL.25, NO.1, Feb. 2015

디지털
포렌식
**한 권으로
끝내기**

초판 1쇄 발행   2022. 7. 11.
　　2쇄 발행   2024. 1. 8.

지은이　이중
펴낸이　김병호
펴낸곳　주식회사 바른북스

편집진행　김재영
디자인　김민지

등록　2019년 4월 3일 제2019-000040호
주소　서울시 성동구 연무장5길 9-16, 301호 (성수동2가, 블루스톤타워)
대표전화　070-7857-9719 | **경영지원**　02-3409-9719 | **팩스**　070-7610-9820

•바른북스는 여러분의 다양한 아이디어와 원고 투고를 설레는 마음으로 기다리고 있습니다.

이메일　barunbooks21@naver.com | **원고투고**　barunbooks21@naver.com
홈페이지　www.barunbooks.com | **공식 블로그**　blog.naver.com/barunbooks7
공식 포스트　post.naver.com/barunbooks7 | **페이스북**　facebook.com/barunbooks7

ⓒ 이중, 2024
ISBN 979-11-6545-749-5 93560